现代居室空间设计

Modern Bedroom Space Design

U0157184

21 世纪全国普通高等院校美术·艺术设计专业"十三五"精品课程规划教材

The"13th Five-Year Plan"Excellent Curriculum Textbooks for the Major of

Fine Arts and Art Design

in National Colleges and Universities in the 21st Century

编 著 张 旺

辽宁美术出版社

Liaoning Fine Arts Publishing House

21世纪全国普通高等院校美术·艺术设计专业
"十三五"精品课程规划教材

总 主 编　彭伟哲
副总主编　时祥选　田德宏　孙郡阳
总 编 审　苍晓东　童迎强

编辑工作委员会主任　彭伟哲
编辑工作委员会副主任　童迎强　林枫　王楠
编辑工作委员会委员

苍晓东　郝刚　王艺潼　于敏悦　宋健　王哲明
潘阔　郭丹　顾博　罗楠　严赫　范宁轩
王东　高焱　王子怡　陈燕　刘振宝　史书楠
展吉喆　高桂林　周凤岐　任泰元　汤一敏　邵楠
曹焱　温晓天

印制总监
徐杰　霍磊

图书在版编目（CIP）数据

现代居室空间设计 / 张旺编著. — 沈阳 ：辽宁美
术出版社，2020.8（2023.6 重印）
21世纪全国普通高等院校美术·艺术设计专业"十三
五"精品课程规划教材
ISBN 978-7-5314-8663-3

Ⅰ. ①现… Ⅱ. ①张… Ⅲ. ①室内装饰设计－高等学
校－教材 Ⅳ. ①TU238.2
中国版本图书馆CIP数据核字（2020）第094499号

出版发行　辽宁美术出版社
经　　销　全国新华书店
地　　址　沈阳市和平区民族北街29号　邮编：110001
邮　　箱　lnmscbs@163.com
网　　址　http：//www.lnmscbs.cn
电　　话　024-23404603

封面设计　彭伟哲　杨贺帆　孙雨薇
版式设计　彭伟哲　薛冰焰　吴烨　高桐

印　　刷
辽宁新华印务有限公司

责任编辑　童迎强
责任校对　郝刚
版　　次　2020年8月第1版　2023年6月第2次印刷
开　　本　889mm×1194mm　1/16
印　　张　8
字　　数　230千字
书　　号　ISBN 978-7-5314-8663-3
定　　价　56.00元

序 >>

当我们把美术院校所进行的美术教育当作当代文化景观的一部分时，就不难发现，美术教育如果也能呈现或继续保持良性发展的话，则非要"约束"和"开放"并行不可。所谓约束，指的是从经典出发再造经典，而不是一味地兼收并蓄；开放，则意味着学习研究所必须具备的眼界和姿态。这看似矛盾的两面，其实一起推动着我们的美术教育向着良性和深入演化发展。这里，我们所说的美术教育其实有两个方面的含义：其一，技能的承袭和创造，这可以说是我国现有的教育体制和教学内容的主要部分；其二，则是建立在美学意义上对所谓艺术人生的把握和度量，在学习艺术的规律性技能的同时获得思维的解放，在思维解放的同时求得空前的创造力。由于众所周知的原因，我们的教育往往以前者为主，这并没有错，只是我们需要做的一方面是将技能性课程进行系统化、当代化的转换；另一方面，需要将艺术思维、设计理念等这些由"虚"而"实"体现艺术教育的精髓的东西，融入我们的日常教学和艺术体验之中。

在本套丛书出版以前，出于对美术教育和学生负责的考虑，我们做了一些调查，从中发现，那些内容简单、资料匮乏的图书与少量新颖但专业却难成系统的图书共同占据了学生的阅读视野。而且有意思的是，同一个教师在同一个专业所上的同一门课中，所选用的教材也是五花八门、良莠不齐，由于教师的教学意图难以通过书面教材得以彻底贯彻，因而直接影响教学质量。

在中国共产党第二十次全国代表大会上，习近平总书记在大会报告中指出"教育、科技、人才是全面建设社会主义现代化国家的基础性、战略性支撑……我们要办好人民满意的教育，全面贯彻党的教育方针，落实立德树人根本任务，培养德智体美劳全面发展的社会主义建设者和接班人，加快建设高质量教育体系，发展素质教育，促进教育公平。"党的二十大更加突出了科教兴国在社会主义现代化建设全局中的重要地位，强调了"坚持教育优先"的发展战略。正是在国家对教育空前重视的背景下，在当前优质美术专业教材匮乏的情况下，我们以党的二十大对教育的新战略、新要求为指导，在坚持遵循中国传统基础教育与内涵和训练好扎实绘画（当然也包括设计、摄影）基本功的同时，借鉴国内外先进、科学并且灵活的教学方法、教学理念以及对专业学科深入而精微的研究态度，努力构建高质量美术教育体系，辽宁美术出版社同全国各院校组织专家学者和富有教学经验的精英教师联合编撰出版了美术专业配套教材。教材是无度当中的"度"，也是各位专家多年艺术实践和教学经验所凝聚而成的"闪光点"，从这个"点"出发，相信受益者可以到达他们想要抵达的地方。规范性、专业性、前瞻性的教材能起到指路的作用，能使使用者不浪费精力，直取所需要的艺术核心。从这个意义上说，这套教材在国内还是具有填补空白的意义。

目录 Contents

序

绪论

绪论

居室空间设计是室内设计专业学习的一门重要课程，属于室内设计中的一个类型，重点研究和学习建筑提供的居住性室内空间的设计，包括各种物质和精神文化等方面的环节。换言之，满足社会总体人居环境的物质和精神需求是该课程的性质和目的。目前，在我国所有的建筑与艺术设计院校中都设置了这门课程。前中央工艺美术学院（现清华大学美术学院）是我国最早开设室内设计的院校，也是我国最早建立室内设计学科教学体系的院校。时至今日，随着城市化进程的加快、科技的发展和经济的繁荣，人们的价值观念和生存方式不断地改变，审美意识也在不断地提高。对现代居室空间设计课程而言，要学习和掌握的知识点也越来越丰富，涉猎的知识面也越来越宽，对该课程的学习也提出了更高的要求。对于室内设计专业学生来说，通过该课程的学习，一是能够直接作用于专业方面的能力的培养，对提高整体专业水平很有裨益；二是能够从居室空间的组织与再创造和具体使用要求的角度，对建筑知识也有较深入的理解和认识。

在居室空间设计课程的学习过程中，要综合运用和学习建筑学原理、室内设计原理、人体工程学、建筑技术和建筑室内照明等相关专业基础课的内容，综合反映学生的设计素养和创作能力。如果对居室空间设计的学习没有正确的态度，想成为一名真正合格的建筑师或设计师是很困难的。所以，居室空间设计这门课程，对于室内设计专业、建筑设计专业和其他相关专业设计能力的培养和熏陶，也具有举足轻重的作用。

不难发现，在实际的教学中，学生对设计的理解往往比较热衷于表面的形式。一方面是因为美感的确是居室空间设计主要解决的问题之一；另一方面也是由于学生对现实生活中不同性质的居室建筑空间缺乏深入的认知，对生活于不同空间和场所中的人的要求缺乏真正的理解，对影响居室空间设计最终效果的技术、材料等因素也未能引起真正的重视。这就导致设计流于表面的形式而深度不够。对居室空间设计的内涵和应该解决的问题进行再解释，有助于把握设计的关键因素和形成正确的设计思维方式；有助于学生在学习过程中开拓创意思维的多维度路径。

　　作为一名合格的室内设计师，首先要从建筑的宏观角度考虑室内空间设计，其次还要善于从人的行为和视觉心理的角度来研究局部的细部设计。即不仅能宏观地把控和表现建筑空间，而且还擅长用个性化的语言赋予空间新的丰富内涵。该课程以培养学生的基本素质为出发点，以形成正确的思维方式和掌握多样化的研究手段为重点，以提高学生综合应用能力为目的。课程实践证明，手绘使学生在初始设计中，手脑并进，设计灵感不断涌现并逐步走向成熟和深化阶段，以手绘和电脑绘图叠加的教学模式，对培养和提高学生的空间思维能力行之有效，易激发设计灵感；熟练掌握计算机绘图软件，对丰富表达手段、提高设计精度和效率，也是不可替代的方法之一。总之，设计教学的要求是培养有实际应用能力的人才，只有将科学的方法纳入整个设计教学的体系之中，才能使学生在设计实践学习中掌握不同的表现手段和思考方式，挖掘他们的创意设计潜能。 」

第一章　基础理论——设计概述

〖本章重点〗

居室空间的特征及特点。

〖学习目标〗

1. 深入了解居室空间设计的内涵，掌握基础理论知识。

2. 明确居室空间设计目前需要解决的主要问题。

〖建议学时〗

4学时。

第一章 基础理论——设计概述

第一节 居室空间设计的内涵

众所周知，人的一生有一半时间是在居室空间中度过，它涉及人的生活环境质量、生活感受、生活品质、生活效率、生活认知、生活标准和审美精神等。古希腊哲学家亚里士多德曾说："人们来到城市为了生活，居住在城市为了生活得更好。"诠释出人与居室之间的关系内涵,明确了创造舒适与审美高度统一是居室空间设计的目的，即"以人为本"的设计理念。中国古人也认为："君子之营宫室，宗庙为先，廊库次之，居室为后。"阐明中国古代对居室以宗法为重心，以农耕为根本的社会居住法则，兼顾精神与物质要素，需要居室建造者始终把人的需求和感受放在首位，其中包括物质和精神两个层面。(图1-1-1)

图1-1-1 流水别墅 作者：弗兰克·L·赖特

在西方，古罗马帝国建筑家波里奥认为："所有居室皆需具备实用、坚固、愉快三个要素。"两千年前就已在实质上把握了居室空间的机能、结构和精神价值。中国在两千五百多年前，老子就曾论述"埏埴以为器，当其无，有器之用；凿户以为室，当其无，有室之用"（老子《道德经》），主要强调建筑的本质并非是用土泥建造的建筑空间围合体——外壳，而建筑围合体形成的空间才是建筑的根本。老子还形象地把这个用土泥做成的建筑围合体比喻为容纳人的活动的容器。这个容器是人

活动的空间，具有"量""形""质"的规定性特征。实际上这个有一定规定的量、形、质的空间容器和有特定意义的外壳（围合体）共同构建了有意义的空间实质，这个空间实质不仅满足个人需求，而且还满足整个社会提出的物质功能性和思想精神性的诉求，揭示出居室丰富的哲理内涵。(图1-1-2、图1-1-3)

图1-1-2 史密斯住宅 作者：理查德·迈耶

图1-1-3 母亲住宅 作者：文丘里

综上所述，居室就是人们日常生活起居的房间，是家庭和个人活动的私人空间。居室空间设计是本着"以人为本"的设计理念和美的设计原则，

图1-1-4　国外住宅建筑

图1-1-5　国外住宅建筑

图1-1-6　国外住宅建筑

对居住性建筑室内空间进行调整、装饰、布置的设计，包括空间的合理布置、空间形态设计、装修设计、陈设设计、生态设计和物理环境设计等方面的环节，以满足人们物质与审美要求。(图1-1-4～图1-1-6)

第二节　居室空间设计的特征

居室空间设计作为功能设计与审美设计相统一的构思与创意，具有鲜明的个性特点。探讨居室空间特征不仅有益于加深对室内空间本质的认识，而且便于总结和概括设计原则，帮助设计师按设计规律进行工作。

一、哲学特征

所谓空间，可以理解为人们生存的范围。大的如整个宇宙，小的如一间居室，都是人们可以通过感知和推测得到的。"空间"和"时间"是构成物质存在的两种形式，"空间"指的是物质存在的广延性；"时间"指的是物质运动过程中的持续性和顺序性。"空间"和"时间"都具有客观性，并与运动中的物质不可分割。既没有脱离物质运动的"空间"和"时间"，也没有不在"空间"和"时间"中运动的物质。康德则将"空间"视为是主观的，认为理性知识来源于对感性知识的加工，而感性知识则是从现象的材料中获得的。在感性阶段，可以断定是纯粹知识的"空间"和"时间"等。(图1-2-1、图1-2-2)

图1-2-1　国外住宅建筑

图1-2-2 国外住宅建筑

图1-2-4 国外住宅建筑

二、审美特征

挪威建筑学家伯格舒尔茨从建筑空间的角度出发，提出建筑的组合元素是实体、空间、界面，组合的原则是对称性、包容性、整体性、协调性、规则性和最大的简洁性。建筑艺术的特点在于其空间审美属性，人与空间之间的关联是多维度的，人包容在空间之中，视线角度随时间延续而位移，给视觉以连续的感知，达到体验建筑空间的目的。

现代室内设计美学最显著的特征之一就是审美变化的思维体现，即设计不仅要满足人们的生理与心理要求，还要从整体的大环境中综合地处理人与环境、人际交往、文化内涵、实用功能等多重关系，而且还要注重表达审美的情感，体现审美意义和价值。因此，美学理论为当代室内设计起到了指导性的作用。（图1-2-3～图1-2-5）

图1-2-5 国外住宅建筑

第三节 居室空间设计的特点

一、一体化

室内设计是根据建筑物的使用性质、所处环境和相应标准、运用物质技术手段和建筑美学原理，创造功能合理、舒适优美、满足人们物质和精神生活需要的室内环境。按照人们的生存方式和文化传统习惯，除了日常的工作和学习之外，人们大部分的活动空间都是在同一建筑物里，如睡眠、用餐、洗浴、休闲等。在这座建筑物里，人们习惯于给居室的各种活动空间划分出特定的区域，如卧室、厨房、餐厅、浴室和起居室等。李允鉌认为"中国建筑"建立了其他建筑体系所不及的无比丰富的创作经验，原因是：由于建筑设计与结构设计结合在一

图1-2-3 国外住宅建筑

起而产生的一种标准化的平面的结果，室内房间的分隔和组织并没有纳入建筑平面的设计之内，内部的分隔完全在一个既定的建筑平面中来考虑。从工业革命后期至今，由于居室空间的特殊性，建筑在整体空间上已限定了重新划分功能区域的可能性。因此，部分居室空间只能在局部空间布局，也可分为开放式空间和私密性空间。

从表面来看，居室空间设计是室内设计中的一个类型，居室空间设计涉及的是建筑的室内部分，是在建筑设计完成以后，或者建筑物已建成以后，居室空间设计的工作才能开始。但事实上，现在大量建筑的方案初始阶段，建筑师对于建筑的居住部分的室内设计已经有所设想和规划。建筑语言也是室内设计语言的一部分，从这个角度来说，居室空间设计与建筑设计有一个相互整合的过程，它们的关系是交织在一起的。建筑设计与居室设计的界限是模糊的，这个模糊性反而能够使空间更趋合理，平面功能更趋紧凑，建筑内外的关系更趋有机统一。因此，现代建筑师与室内设计师的工作界限的模糊性和一体化是居室空间设计的第一个特点。(图1-3-1、图1-3-2)

图1-3-2 国外住宅建筑

二、整体化

居室空间设计的第二个特点是关注整体秩序的控制。在进行居室空间设计过程中，需要处理的元素和控制的因素是多样的。这些元素和因素包括：平面的布置、空间的处理、界面的细部、材料的选择、色彩的搭配、家具设计或选用、灯具的设计或选用、陈设设计和绿化设计等内容，还要协调这些元素与设备管线的关系。居室空间设计注重的整体效果，要求设计师应该将设计工作一直延续到居室空间内部的方方面面，因为只要有一个方面存在失误就有可能对整体效果带来不良的影响。居室空间的整体依赖于对设计元素和因素之间关系秩序的控制。这里所述的"秩序"是指对比与差别的视觉心理的强弱顺序关系。对于每一类元素或者某个因素来说，它本身就包含有秩序问题，比如空间有秩序，功能有秩序，细部设计有主从的秩序，色彩有强弱的秩序，等等。对于这些秩序，一般还较易理解，但要理解和把握好这些秩序之间的秩序——整体秩序就不那么容易，需要仔细地揣摩和长期经验的累积。

需要强调的是，秩序并不是仅依靠简单的处理就能实现，更不是把某些元素、因素放在一起就能够自然而然地产生。秩序是需要设计师有意识地主观地加以控制和调整才能得到，这种有意识就是设计师心中的"理想化"。因此，居室空间设计的过程也应是一种将理想转变为现实的过程。有了这样一种理想的模式，那它就能促使或者启发设计师在不利或者苛刻的条件下，产生许多灵感的火花，不

图1-3-1 国外住宅建筑

断调整秩序之间的关系，抑制那些对整体效果产生影响的元素，使之成为理想模式的一个有机组成部分。"理想化"并不是异想天开，它要求设计师深入分析项目的客观条件和有关规范的规定，再结合设计师的情感意识后才能形成。所谓设计的个性，也就是这种"理想化"的秩序的具体的表现。(图1-3-3、图1-3-4)

解不同居室空间中的人的不同的行为流程和行为心理，掌握艺术的视觉心理特点，了解最新的设计流行趋势和材料信息，对各种新兴的工艺和构造有钻研精神，只有这样才能做出优秀的设计作品。(图1-3-5、图1-3-6)

图1-3-3 国外住宅建筑

图1-3-5 国外住宅建筑

图1-3-4 国外住宅建筑

图1-3-6 国外住宅建筑

三、细致化

居室空间设计的另一个特点就是"细致"。因为所有的设计依据和设计原则的出发点就是"以人为本"。没有细致的功能分析和平面推敲，就没有符合人的行为模式的平面布局；没有细致的界面设计，就没有赏心悦目的视觉感受；没有与其他设备工程细致的协调工作，就没有真正舒适的环境。居室空间设计这种细致的要求，迫使设计师必须了

四、多元化

法国室内设计师考伦提出："当今很难说室内设计有一个什么定则，因为在人们需求日益多样化的今天，再好的东西也会过时。新的风格不断出现并被人所接受，这就使得今天的室内设计作品多姿多彩，千变万化。"此设计观点，清楚地诠释出现代室内设计的发展特点。

现代居室空间设计的多元化呈现如下几个特

点。（1）空间多样化。因为服务群体的文化层次、身份类别、收入水平、生活方式、生活习惯、性格爱好的差异和多样化，使得人们对居室空间功能的需求，空间的价值取向不同，居室空间布局也呈现多样化发展趋势。现代居室空间设计要求合理分区

真，回归自然的生态空间设计理念。（4）风格个性化。时尚化、个性化是现代生活发展趋势，提升大众审美品位，激发大众生活情趣多样化的追求，是对当代设计者的必然要求。依据居住者个性和爱好的差异，要求居室空间设计适应不同的审美意识和

图1-3-8 国外住宅建筑

取向，表现时代特色，突出丰富多彩的风格个性。（图1-3-7、图1-3-8）

第四节 居室空间设计需解决的问题

对一个具体的设计任务来讲，主要面临的问题可归结为两大类：物质层面上的功能与技术问题和精神层面上的设计表现的形式。

一、功能技术

居室空间设计是以为人的生活和工作创造适的环境作为最基本的任务，首先应解决的是功能问题。因此，在空间平面布局和流线组织上必须满足人的基本活动和业主的使用要求，要达到这一目的，需将设计师的设想和具体的空间设计条件以及使用的要求有所结合。

在功能技术方面要解决的第二个问题是要协调好室内各种设备与设计效果之间的关系。无论是大户型还是小户型的居室空间设计，给排水管道、排风、空调、电气管线的布置及家用电器设备的位置等都有各自的技术要求和规范，这些设备管线占用了一定的空间位置，对整个空间设计有一定的制约

图1-3-7 国外住宅建筑

的充分利用，居室空间能够合理地加以扩展与补充，使之整体格局更紧凑、虚实相宜，各功能区之间协调融洽。（2）色彩情感化。色彩要素在居室空间设计中起着至关重要的作用，科学合理地配置色彩，营造符合居住者的现代生活方式和审美情趣的室内色彩环境，能够让人产生安定、舒适感和愉悦的美感，有利于居住者的身体健康，是色彩设计功能的现代价值取向。（3）空间生态化。生态居室空间包括居室空间材料、采光、通风等要素，必须综合考虑，统筹布局，整体设计。现代居室以视觉、呼吸、体感的健康生态为第一原则，应摒弃有碍健康的唯美、奢华的设计追求。装饰应崇尚返璞归

作用，对于相应的界面形态和细部设计、色彩搭配也会带来一定的影响。因此，在方案设计的初始阶段，将这些设备因素作为设计思索应对的问题，对于设计的深化是非常有必要的，也是提高工作效率的途径之一。(图1-4-1)

图1-4-1　国外住宅建筑

第三个问题是应该对高新技术采取积极的接纳态度。建筑师雅马萨奇认为："充分理解并符合我们的技术手段的特点，如此才能在重建环境的任务中保持节约，才能使我们的建筑建立在进步的基础之上，并成为其象征。"新技术能带来便捷和新的视觉体现。如使用自动闭门器，当人经过时，门能自动开启和关闭；自动照明调光系统，随着季节和日夜光照的变化，自动控制照明灯具的亮度和艺术效果。这些智能化的技术，不仅给人们带来了方便，也是环保节能理念的具体表现，似乎显得人与设备的关系更加紧密和融洽。由于使用了高新技术，也增加了环境的安全系数，如在一些高档公寓楼里的特殊的楼层，电梯里设置了自动识别系统，不刷卡就无法进入某些楼层。高新技术是无形的手，提升了使用者对居室空间环境的评价指数，也易使居住者产生一种技术领先的自豪感，自然而然地就会使人们增加对设计的认同感。(图1-4-2)

二、设计形式

居室空间设计仅达到功能技术方面的安全和合理的要求，还不能完全满足人们希望室内居住环境本应在精神上给予的关怀和认同。从这个角度来

说，居室空间设计还必须具有与空间性质相适应的设计艺术形式。对于设计形式的创造，应以空间的性质为设计依据，以创造合适的室内居住氛围为目标；从平面限定、空间形态、细部、色彩、材料和照明等方面来推敲形式；以色彩、符号的象征和隐喻作用作为提升空间品质的方式。

居室空间设计的形式是一种综合的效果，那么就应在学习过程中，逐步形成整体思维的方式。形式的创造有客观存在条件的一面，也有主观驾驭的一面，将此两个方面有机结合，才是创造设计形式的有效途径。(图1-4-3、图1-4-4)

三、控制造价

除了功能技术和设计形式两个主要需要解决的问题以外，还有一个造价控制问题。居室空间设计毕竟还是一个商业行为，一定的投资限额也决定了设计的标准高低。因此，设计师也必须以造价控制

图1-4-2　国外住宅建筑

图1-4-3　国外住宅建筑

图1-4-4　国外住宅建筑

为依据，对所能运用的设计手法和材料的使用做出合理的规划，这样的设计，才能真正成为可以实现的项目。虽然说对于造价的控制与我们目前的课程关系不太大，主要是为了使大家放开思路，教学要求不会在造价方面做过多的限制，但是，有这么一个意识，对于以后的工程实践还是非常有必要的。(图1-4-5、图1-4-6)

图1-4-5　国外住宅建筑

图1-4-6　国外住宅建筑

第二章 基础理论——历史与现状

本章要点》

居室空间设计各种风格流派的特征。

学习目标》

1. 熟悉居室设计的历史与发展知识。
2. 把握居室设计未来的发展趋势。

建议学时》

4学时。

第二章 基础理论——历史与现状

第一节 居室空间设计的产生与沿革

"民居"一词，最早出自《周礼》，是相对于皇室而言的，统指皇室以外庶民百姓的住宅，其中包括官贵府第园宅。而民居指的是民众的栖居之所，与民众的生产活动和娱乐休息活动息息相关。民居的产生和发展离不开一定的自然条件和人文条件。

《周易·系辞》所谓"上古穴居而野处"是对最早人类居住环境的洞穴的描述，如北京周口店的山顶洞，是人类在生产力低下的情况下对居住环境自然选择的结果，并非主动营造。进入新石器时代，据考证有雀氏构木的传说，证明随着生产力的提高，人们已经不满足于被动地适应自然，开始走向主动营造生活环境的历程。"构木为巢"可以看作是居住环境设计的开始。

史前，人类赖以遮风蔽雨的居住空间大都是天然山洞、坑穴或者是借自然林木搭起来的"窝棚"。这些天然形成的内部空间毕竟太简陋、缺乏舒适感，因此，人们总是想把环境改造一番，利于更好地生存。然而，从现代视角来审视，人类早期设计作品与现今的某些矫揉造作的设计相比，其单纯、朴实的艺术形象确有一种迷人的魅力，并不时地激发起我们创作的灵感。

随着世界文明的不断进步，人类改造客观世界的能力也在不断地提高。多样化的室内空间设计方式也层出不穷。由于人类具有进行物质产品的生产与交流的需求，自然要有各种各样从事生产、生活和商业活动的内部空间。况且人类的活动空间毕竟不是简单的"容器"，因此抽象的"精神功能"的介入就越来越被人们重视。所谓"精神功能"即指那些满足人们心理活动的空间内容。人们往往用"空间气氛""空间格调""空间情趣""空间个性"之类的语言来诠释其内涵，实质上就是一个空间艺术审美问题，是衡量室内设计优劣的重要标准

之一。

在封建帝王统治下的中国，享乐主义的主张在营造生活环境活动中开始得到重视。宫殿、园林、山庄，雕梁画栋、华丽异常。在西方，文艺复兴姗姗来迟之际，社会财富的占有者同样是大兴土木，把教堂、宫苑、别墅建构得外形壮观、内部奢华。那个时期的内部空间往往追求面面俱到的装饰，尤其是在微观之处，无不穷尽雕琢。为了炫耀财富和满足感官的舒适，昂贵的材料、无价的珍宝、名贵的艺术品都被用于室内空间的装饰之中。诚然，由于其装饰工艺之精致、巧妙，不仅大大地丰富了室内空间的内容，也给后人留下了一笔丰厚的艺术遗产。（图2-1-1、图2-1-2）

图2-1-1 历史资料　　　　　　图2-1-2 历史资料

在工业革命到来之前的几百年中，风格各异的民居文化艺术也是别具特色，取得丰硕成果。讲究功能、朴实无华是那个时期民居突出的艺术风格特点，更重要的是对空间美的认识，有许多设计师就已经注意到了空间的渗透关系。从他们留下的作品中得出这样结论：人的任何生存空间都不是孤立存在的，装饰手法只是布置空间关系的补充，不是室内空间营造的全部。而合理、充分地利用空间，提高空间单位容量的效益是创造室内空间的重要原则。生活在地球上的人不可能脱离自然，过分封闭的室内空间既不美又不利于人的生存。经过不断实践与摸索，人们终于认识到室内空间是一种美化了的物质环境，是艺术与技术结合的产物。生产力的发展，

图2-1-3 历史资料

物质产品的相对丰富以及社会文化水准的提高，必然会影响室内设计的观念转化。(图2-1-3)

震撼世界的第一次工业革命开拓了现代室内设计的新天地。钢、玻璃、混凝土、批量生产的纺织品和其他工业产品，尤其是大批量生产的人工合成材料，给设计师带来了更多材料选择的可能。新材料及其相应的构造技术的发展极大地丰富了室内设计的学科内容。现代室内空间艺术的设计理论随着实践活动的开展也亦日臻完善。

随着我国改革开放的进一步深化，国民经济得到空前发展，人民物质与文化生活水平不断提高，国家也在不断地努力改善国民的居住环境和条件，城市建设取得了世人瞩目的成就。如今，现代化社会的发展，城市化进度的加快，使人们在解决了温饱之后，不但注重"衣、食"质量的提高，也开始

图2-1-4 历史资料

图2-1-5 历史资料

把"住"的质量提到议事日程上来。(图2-1-4、图2-1-5)

第二节 居室空间设计各风格与流派

居室空间设计有多种风格与流派。风格的特点：一是风格具有区分类别的意义，如某个特定时代或地域上的特点，是风格的初级层次；二是风格是由特征属性构成，某风格代表了一组类型的特征属性，是风格的中级层次；三是风格能够独立地表达特定情感，使作品具备情感上的寓意，是风格的高级层次；四是风格能以某种目标为动机，将特征属性按照特定规则构建期望的风格，是风格的最高级层次。

室内设计的风格形成的外在和内在因素较多，主要包括以下两个方面：（1）室内设计风格和流派的演变与其他艺术风格和流派的形成关系密切，相互影响和促进，如文学、音乐、建筑等。（2）室内设计风格的形成与不同时代的文化思潮和地域人文因素，以及自然条件密切相关，逐渐发展并成为具有代表性的设计形式。虽然风格表现于形式，但风格具有艺术、文化、社会发展等深刻的内涵，从这一深层含义来说，风格又不等同于形式。需要指出的是，一种风格或流派一旦形成，它又能积极或消极地转而影响文化、艺术以及诸多的社会因素，并不仅仅局限于作为一种形式表现和视觉上的感受。俄罗斯建筑理论家M·金兹伯格曾说过，"'风格'这个词充满了模糊性……我们经常把区分艺术的最精微细致的差别的那些特征称作风格，有时候我们又把整整一个大时代或者几个世纪的特点称作风格。"当今对室内设计风格和流派的分类还处于进一步研究和探讨阶段，本文所述风格与流派的名称及分类不能作为定论，仅供学习参考。

总之，室内设计的风格指在不同的文化背景、民族情感和生活喜好及地球气候、经济发展的影响下，形成的多种居室环境特点，属室内环境中的艺术造型和精神功能范畴。室内设计的风格主要可分为欧式风格、中式风格、田园式风格、混合型风格、现代简约风格等。（图2-2-1~图2-2-4）

图2-2-1　居室设计

图2-2-2　居室设计

图2-2-3　居室设计

图2-2-4　居室设计

一、欧式风格

欧式风格是一种源于欧洲的风格。欧式风格就是欧洲各国文化传统所表达的强烈的文化内涵。欧式风格主要包括巴洛克风格、地中海风格、新古典主义风格和北欧风格等。

1.巴洛克风格

巴洛克风格起源于意大利，17世纪盛行于欧洲。其形式上以浪漫主义为基础，强调艺术家的激情和丰富想象力。表现运动与变化是巴洛克艺术的灵魂。造型上强调线、形流动变化，如多采用圆、椭圆、弧形来表现作品的张力，强调空间感和立体感。常用镀金、石膏或粉饰灰泥、大理石、多彩织物、精美地毯、精致壁挂（如巨大尺度的天花板壁画）为主要装修材料，风格豪华、富丽，充满强烈动感效果。（图2-2-5、图2-2-6）

图2-2-5　欧式风格居室设计

图2-2-6　欧式风格
居室设计

2.地中海风格

地中海风格是指地中海周边国家的建筑及室内设计风格。其总的形式特点是颜色淳朴、回廊众多。如常采用拱门与半拱门窗、白色毛墙面、半穿凿或全穿凿来增强实用性和美观性，既可增加海景欣赏视点的长度，还可利用风道的原理增加对流，起到降温作用。蓝与白是比较典型的地中海颜色搭配。房屋和家具的轮廓线条都比较自然，形成一种独特的圆润造型。常以马赛克、小石子、瓷砖、贝类、玻璃片、玻璃珠等材料作点缀装饰。窗帘、桌巾、沙发套、灯罩等均以低彩度色调和小细花条纹格子图案的棉织品为主。藤类植物是常见的居家绿色植物，同时配以小巧的绿色盆栽。铁艺制品也被广泛使用，如栏杆、植物挂篮等，极具特色。(图2-2-7、图2-2-8)

图2-2-7　地中海风格居室设计

图2-2-8　地中海风格居室设计

3.新古典主义风格

新古典主义风格刻意从风格与题材上模仿古代艺术，以俭朴的风格为主。在形式上注重塑造性与完整性。强调理性而忽略感性。强调结构而忽视色彩。(图2-2-9、图2-2-10)

图2-2-9　新古典主义风格居室设计

图2-2-10　新古典主义风格居室设计

4.北欧风格

北欧风格更接近于现代风格，原因在于它的简练。其主要特点是以自然简洁为设计形式原则，整体以浅色基调为主。常用枫木、橡木、云杉、松木和白桦等原木材料制作家具。也常用少量的金属及玻璃材质作点缀。多以多彩的地毯、靠背、抱枕等为软装饰。

总之，在现代设计中，欧式风格多运用于别墅、会所、酒店的工程项目设计中，通过欧式风格来体现一种高贵、奢华气氛。在一般住宅公寓项目中，也较常见欧式风格，追求欧式风格的浪漫、优雅气质。时至今日，在我国居室空间装修项目中，欧式风格已概念化，并逐渐被提炼、呈现为北欧风格的概念。(图2-2-11、图2-2-12)

高空间、大进深、金碧辉煌、雕梁画柱。造型讲究对称，色彩讲究对比。装饰材料以木材为主，图案多龙、凤、龟、狮等，精雕细琢、瑰丽奇巧、艺术价值极高。但中式风格的装修普遍造价较高，略缺乏现代气息。

现代中式风格更多地利用了后现代手法，融合中式风格的庄重与优雅，把传统的结构形式通过现代设计手法重新设计组合，以一种既富于民族格调又具有现代符号的形式出现，营造出对称、简约、朴素、雅致、舒缓的意境，表达东方人特有的情怀和丰富的文化内涵，传统中渗透着现代元素，体现设计者的文化修养和设计技能，提高居住者的审美情趣与社会地位。(图2-2-13、图2-2-14)

图2-2-11　北欧风格居室设计

图2-2-13　中式风格居室设计

图2-2-12　北欧风格居室设计

图2-2-14　中式风格居室设计

二、中式风格

中式风格是以宫廷建筑为代表的中国古典建筑的室内装饰设计艺术风格，气势恢宏、壮丽华贵，

三、田园式风格

田园式风格是运用带有田园生活气息和情调的材质来营造居室氛围的一种风格。强调的是一种贴

近自然、向往自然的状态。田园式风格倡导"回归自然"，美学上推崇"自然美"，认为只有崇尚自然、结合自然，才能在当今高科技快节奏的社会生活中获取生理和心理的平衡。因此田园风格力求表现悠闲、舒畅、自然的田园生活情趣。在田园风格里，利用粗糙和破损的造型来体现自然景象，被认为更接近自然。田园风格用料崇尚自然，善于用有自然气息的图形。田园风格重在对自然的表现，对于绿化设计表现是一大亮点，通常将花卉、绿色植物与家具结合布置，或作为居室重点装饰，与居室环境相融合，创造出自然、简朴、高雅的氛围。不同的田园风格有不同的自然表现，进而也衍生出多种家具风格，如中式田园风格、欧式田园风格、南亚田园风格等，各有各的特色和美丽。

由于当下快节奏的社会生活，人们普遍追求恬静的生活环境，以获取生理和心理平衡。因此，在现代居室空间设计中，田园风格"回归自然"的设计理念，正好与人们对于自然环境的关心、回归和渴望之情相契合，造就了田园风格设计的复兴和流行。(图2-2-15、图2-2-16)

四、混合型风格

混合型风格是近年才在中国兴起的新型装饰风格。所谓新混合型风格，就是室内设计在总体上呈现多元化、兼容并蓄的状况。在装饰与陈设中融合古今中西为一体，既趋于现代实用，又汲取传统。如把传统中式家居风格与现代生活理念相结合，通过提取传统家居设计的精华元素和生活符号进行现代手法的合理搭配、布局，在整体的家居设计中既有中式家居的传统韵味又更多地符合现代人居住的生活特点，让古典与现代完美结合，传统与时尚并存。简言之，混合型风格在设计中不拘一格，独具匠心。在形体、色彩和材质运用方面，追求创意和别具一格，更符合当代年轻人的审美观点。(图2-2-17、图2-2-18)

图2-2-17　混合型风格居室设计

图2-2-15　田园式风格居室设计

图2-2-16　田园式风格居室设计

图2-2-18混合型风格居室设计

五、现代简约风格

现代简约风格是造型简洁、强调功能与形式美的设计风格。现代简约风格的主要特点是反对多余装饰，把设计元素简化至最少的程度，而对色彩、材料的质感要求较高，并强调设计与工业生产的联系。因此，现代简约风格的空间设计往往表现出含蓄意境，能达到以少胜多、以简胜繁的艺术效果和格调。具体而言，现代简约风格设计形式主要表现为：（1）强调功能性设计，线条简约流畅，色彩对比强烈；（2）大量使用钢化玻璃、不锈钢等新型材料作为辅材；（3）重视靠垫、餐桌布、窗帘和床单的软装饰；（4）室内日用品多选择直线型、玻璃和金属工业制品。

总之，现代简约风格注重外形简洁，强调室内空间形态和物件的单一性和抽象性。简约而不简单，是一种更高层次的创意境界。在居室空间设计方面，更加强调功能、结构和形式的完整，追求材料、技术、建筑空间的表现深度与精确，用简约的手法进行室内创造，反对过度装饰。这种设计风格更需要设计师有较高的设计素养与实践经验。在具体设计中，需要设计师深入进行现场调研、仔细推敲、精心提炼，用极少的设计语言表达出深厚的设计内涵。(图2-2-19、图2-2-20)

第三节　居室空间设计的发展趋势

在世界整个经济和现代设计自身的发展态势背景下，可以预见我国居室空间设计将呈现展现个性与生活品质的可持续发展的新模式。具体有以下几方面表现。

一、生态化

绿色发展理念已成为世界共识，在居住环境设计的风格、空间、功能划分上探索可持续发展的居住环境新模式已成为现代设计的必然要求。现代居住环境设计能够充分利用高科技手段，将污染减低到最小限度，充分体现"以人为本"的设计意义。居室空间生态设计包括居室空间材料、采光、通风等要素，必须综合考量、统筹布局、整体设计。居室空间以视觉、呼吸、体感的健康生态为第一原则，设计中要摒弃一切有碍健康的唯美、奢华的设计追求，装饰应崇尚回归自然，充分回收和利用资源，体现自然与社会相和谐、物质环境与精神生

图2-2-19　现代简约风格居室设计

图2-2-20　现代简约风格居室设计

图2-3-1　生态化居室设计

图2-3-2 生态化居室设计

图2-3-4规模化居室设计

态相统一社会价值，推动居住产业可持续地健康发展。（图2-3-1、图2-3-2）

二、规模化

随着我国城市化的发展，城市人口密度的提高，大型社区的建设将成为主要发展趋势。在此背景下，大型社区的建设应贯彻科学发展观，构建可持续发展的居室环境新模式。居室的建筑空间和功能的划分要满足使用功能，做到居室户型合理，间隔、开间舒适实用，空间有流动感、赏心悦目，满足使用者的心理和生理需求。同时还要充分实现规模效益，降低开发成本，建立全方位的物业管理系统，完善配套服务设施系统，营造良性循环的公共环境。（图2-3-3、图2-3-4）

三、功能化

居住小区的功能将进一步配套齐全，日常生活、家庭办公和社会交往的服务将呈现一体化趋势。小区内的各类设施，如文化、体育、休闲、养老等一应俱全，同时还可以提供各种远程服务的项目。具体而言，现代小区应逐步配备健全的社会服务中心、农贸市场、超市、图书馆、运动、养老设施、娱乐场所、幼儿园、中小学、医院等设施，提供能够保障残疾人、老人、儿童等特殊群体生活与娱乐的场所和无障碍辅助设施。另外，居住环境设计还应达到环保标准，应合理利用自然资源，要大力推广和应用高性能、低材耗、可再生循环利用的建筑和装饰材料。对小区的日照、空气质量、噪声等还应该进行全面监管，形成良性再生循环系统，减少对环境与人体健康的危害。（图2-3-5、图2-3-6）

四、个性化

追求时尚化，激发了人们对生活品位多样化的追求，个性化的生活方式已成为未来社会发展的新

图2-3-3 规模化居室设计

图2-3-5 功能化居室设计

图2-3-6 功能化居室设计

趋势。由于居住消费层次和类型的不同，居住环境的建设发展及特点将呈现多样化格局。清华大学美术学院辛华泉教授曾说过："设计师就是设计未来生活方式的。"个性化定制是当代市场环境中迫切需要的一种设计模式，更贴近居住者个体的独特需求。因此，未来的居室环境设计应该更加关注使用者的个性，依据居住者个性和爱好的差异，在设计

风格、平面布局、户型结构、室内装修等方面独具一格，千姿百态，促成居住环境的多样性，满足不同审美意识和取向需求，表现时代特色。（图2-3-7、图2-3-8）

五、多样化

法国室内设计师考伦说："当今很难说室内设计有一个什么定则，因为在人们需要日益多样化、个性化的今天，再好的东西也会过时。新的风格不断出现被人们所接受，这就使得今天的室内设计作品多姿多彩、千变万化。"设计多样化旨在设计中把不同特性的对象、风格等进行组合，强调设计是一项集体的活动，对设计过程的应做理性分析，不追求任何表面的个人风格，体现出一种无明确特性的设计特征。居室设计因服务群体的文化层次、身份类别、收入水平、生活习惯、性格爱好的差异，导致对居室空间功能的需求、空间价值取向不同，呈现居室空间布局多样化的发展趋势。居室空间设

图2-3-7 个性化居室设计

图2-3-9 多样化居室设计

图2-3-8 个性化居室设计

图2-3-10 多样化居室设计

计要求合理分区的充分利用和居室空间的扩展补充，使之整体格局紧凑，虚实相宜，各功能区之间协调融洽。(图2-3-9、图2-3-10)

六、智能化

智能化是指由现代通信与信息技术、计算机网络技术、行业技术、智能控制技术等汇集而成的针对现代室内设计的应用。例如住宅智能化系统和家居智能化。其一，高科技数字化技术的发展日新月异，必将推动我国智能化小区的建设。现代智能建筑与现代科技设备发展进入信息化时代，人们对居住环境的安全性、舒适性和功能性要求也越来越高。未来的居住环境将配备各类智能化系统，充分利用系统集成方式将现代计算机技术、网络技术、建筑艺术、环境设计艺术有机结合在一起，通过对设备的自动监控、对各种信息资源的有效处理、对使用者的信息服务的优化组合，构成一个安全、高效、便利、优雅的生活环境。其二，居室空间设计要解决的现实问题是家电控制、灯光管制、信息服务和安防系统，确保人们享受到资讯科技进步所带来的更便捷、更优质的服务。(图2-3-11、图2-3-12)

七、艺术化

客户的真实需求是设计师关注的唯一中心，是设计师作为职业而必须坚持的职责，设计师不能以艺术家的身份进入设计，并不代表着否定艺术的存在和艺术在设计中至关重要的作用。设计艺术化、艺术设计化、设计与艺术的融合、设计师与艺术家的角色转变，这些让艺术和设计的关系变得不那么清晰。设计师很多时候会被直接冠以艺术家的头衔。现代室内设计的地位已经愈发趋向合理而达到了前所未有的高度，不公正的评判和束缚已渐渐减弱，设计师也获得了广泛的自由创作空间。虽然艺术与设计的界限看起来正在消失，但两者的价值基础不同且并未改变。在互相融合的过程中，表现出的更多是接纳和借鉴。观念的改变和技术的更迭使现代室内设计表现出纯粹且富有人性化感情。这种现象的结果使设计从观念走向审美，艺术从审美走向观念。(图2-3-13、图2-3-14)

图2-3-11 智能化居室设计

图2-3-13 艺术化居室设计

图2-3-12 智能化居室设计

图2-3-14 艺术化居室设计

第三章 基础理论——设计要素与表达

《本章重点》

居室设计中各类设计要素表达的内涵。

《学习目标》

1. 全面了解居室空间设计的构成要素。
2. 理解各类构成要素在空间设计中的影响和作用。

《建议学时》

6学时。

第三章 基础理论——设计要素与表达

第一节 空间构成要素

一、空间概念

空间是一种客观存在,是无形的和无限扩展的,对设计而言,空间也是设计最基本素材。在空间中,人们可以通过感官感知到事物的存在,而人们对于空间的这种感受,主要来自于空间之中实体元素之间的复合关系。实体元素包括点、线、面、体等几何元素,这些也是限定和围合空间的基本元素。在建筑上,这些基本元素就构成了柱子、梁以及墙面、地板和屋面等界面,它们被组织起来构成建筑外形,并界定了室内空间的边界。建筑实体界面与其围合构成的空间是一个有机体,两者互为依存。值得关注的是,创造空间是建筑活动的主要目的和基本内容。人们利用物质材料和技术手段建构房屋的根本目的,并非是门、窗、墙等实体界面的有形部分,而是"无"的部分,也就是空间,即容纳人类生活的内容。(图3-1-1)

图3-1-1 某居室空间设计

纵观建筑史,室内空间随着人们空间意识的变化而不断发展演变和丰富,呈现出由简单到复杂,由封闭到开敞,由静态到动态,由理性到感性转换的态势。尤其是当代室内空间设计,更强调空间环境整体系统的把控,综合运用建筑学、社会学、环境心理学、人体工程学、经济学等多种学科的研究成果,将技术与艺术手段紧密结合进行整合设计。(图3-1-2)

图3-1-2 某居室空间设计

居室空间设计应始终强调"以人为本"的设计理念,依据人的参与和体验,对建筑所提供的内部空间进行调整和处理,进一步调整空间尺度和比例,解决好空间与空间之间的衔接、对比、统一等问题。另一方面,居室空间设计是一个完善空间布局、提升空间品质的过程,不论设计性质如何,设计者都应考虑满足实用、经济、美观、独特的设计标准。(图3-1-3)

图3-1-3 某居室空间设计

二、居室空间户型分析

1.单体式住宅

城市建筑中的单体式住宅，是指主体结构为一栋或多栋，但有统一的裙楼将其连成一体的住宅。由于单体住宅占地面积很小，建筑面积也不大，当一个城市发展到一定阶段，土地资源稀缺的时候，就会直接导致单体住宅数量的增加。小而美的单体式住宅是一个整体，但是每个结构又有一种分离感，会让人觉得空间很大。（图3-1-4）

图3-1-4　单体式住宅

2.单元式住宅

单元式住宅是指在多层、高层楼房中的一种住宅建筑形式。通常每层楼面只有一个楼梯，住户由楼梯平台直接进入分户门，所以每个楼梯的控制面积又称为一个居住单元。

单元式住宅是目前在我国大量兴建的多层和高层住宅中应用最广的住宅建筑形式。如果住宅设计为点式，则各层住户围绕一个楼梯分布；如果住宅的平面是条形设计，则一幢条形住宅可有多个楼梯。不论是一梯几户，每个楼梯的控制面积称为一个"居住单位"。因此，条形的梯间式多层住宅又称为"连续单元式住宅"。点式梯间式住宅又称"独立单元式住宅"。（图3-1-5）

图3-1-5　单元式住宅

3.联体式住宅

联体式住宅其实就是联体的别墅，大大拓展了住宅功能。它除了一般住宅所有厅、厨、卫、卧外，还可以根据客户的自主定义书房、起居室、工作室、休闲室、健身房等。由于房间分散在各个不同平面上，有利于动静分区。联体式住宅十分便于景观营造，美丽的景观永远是它的特点，使住家与自然融为一体。低层联体住宅是低层高密度住宅中最常见的类型。

联体式住宅在组合上的灵活性，可适应不同的地段和地形。联体式住宅可以成排组合，成团组合，错接成排组合或呈席纹状组合。由于组合的形式不同，则会产生不同的院落，可以根据地形灵活布局，利用单元的变异与组合来解决私密性问题；通过各种叠拼组合来提高居住区的密度并减少单个户型的面积。它的连续的街立面可以形成多种形态的城市空间。它们可以有统一的立面或不同的处理，形成动态的、独特风格的街景、广场和庭院。（图3-1-6）

图3-1-6 联体式住宅

4.公寓式商住两用住宅

酒店式公寓和普通住宅是一样的性质，物业费、水电煤气费都是按民用标准算的，而商住两用房就不同了，一切费用都按商用标准计算的。（图3-1-7）

图3-1-7 公寓式商住两用住宅

三、居室空间的自然环境

人类劳动的显著特点就是不仅能适应环境，而且还能改造环境。从原始人的穴居，发展到具有完善设施的室内空间，是人类经过漫长的岁月，对自然环境进行长期改造的结果。最早的室内空间是3000年前的洞窟，从洞窟内反映当时游牧生活的壁画来看，人类早期就注意装饰自己的居住环境。人的本质趋向于有选择地对待现实，并按照他们自己的思想、愿望来加以改造和调整。不同时代的生活方式，对室内空间提出了不同的要求，正是由于人类不断改造和现实生活紧密相连的室内环境，使得室内空间的发展变得永无止境，并在空间的量和质

方面充分体现出来。

自然环境既有益于人类的一面，如阳光、空气、水、绿化等；也有不利于人类的一面，如暴风雪、地震、泥石流等。因此，室内空间最初的主要功能是对自然界有害性侵袭的防范，特别是对经常性的日晒、风雨的防范，仅作为赖以生存的工具，由此而产生了室内外空间的区别．但在创造室内环境时，人类也十分注重与大自然的结合。因此，控制人口、控制城市化进程、优化居住空间组织结构，维持生态平衡，返璞归真，回归自然，创造可持续发展的建筑，等等，已成为人们的共识。对室内设计来说，这种内与外、人工与自然、外部空间和内部空间的紧密相连的、合乎逻辑的内涵，是室内设计的基本出发点，也是室内外空间交融、递进、更替现象产生的基础，并表现在空间上既分隔又联系的多类型、多层次的设计手法上，以满足不同条件下对空间环境的不同需要。（图3-1-8）

图3-1-8 某居室空间设计

四、居室空间构成

居室空间的组成是根据家庭活动及使用的性质构成进行划分，可以大致分为三种性质的空间：公共空间、私密空间、家务空间。

1.公共空间

公共空间是家庭综合活动的公共场所，是家人之间相互交流、增进情感和娱乐的主要场所，也是家庭与外界交往的场所，体现家庭的文化气质。居住公共空间的活动主要是日常聚会和接待活动，所

涉及的空间有门庭、起居室、餐厅、游戏室、家庭影院等。（图3-1-9）

图3-1-9　某居室空间起居室设计

2.私密空间

私密空间主要是为家庭成员独自进行私密活动行为而设计提供的空间。私密空间应该具备休闲、安全、个性的要求，在设计上还要满足家庭成员的个性需求，针对个体的特殊需要而设计。居室的私密空间部分主要是供人休息、睡眠、梳妆、更衣、淋浴等活动。私密空间包括卧室、书房、盥洗室等。（图3-1-10）

图3-1-10　某居室空间节点设计

3.家务空间

家务空间是为家务如清洁、烹饪、洗晒衣物等活动所提供的空间。家务空间需要提供充分的设施存放和操作空间，以提高使用者的工作效率，也给使用者带来愉快心情。家务空间活动主要包括膳食、洗涤餐具、清洁等，因此家务空间的设计应该首先对所有家务活动都设计一个适当的空间位置；其次应该根据设备尺寸及使用者的高度确定出相应的人体工程学所要求的合理尺度。家务空间主要包括厨房、生活阳台等。（图3-1-11）

图3-1-11　某居室空间厨房空间设计

第二节　居室空间的界面处理

一、空间界面基本内容

明确空间各界面基本内容和含义，有助于居室空间形态设计和环境平面布局，对居室空间的想象也是非常有必要的。

"界面"从字面理解，很多人把它简单认为是一个面，它就是两空间之间的那一层界。实际上界面不是一个单纯的面，它具有相当丰富的内容和形式。与其说是界面围合了空间，不如说是其生产了空间。空间界面决定一个空间的生死，决定了空间的性质与气质。罗伯特·文丘里曾提出："既然室内和室外不一样，墙——室内外变化的临界点，便成为建筑中一切重要事件的发生处。"这里的"墙"便是空间中界面的显现之处。建筑空间就开始于"室内和室外的使用及空间的双重力量相交汇之处"。每个界面的特征以及相互之间构成的空间关系，将最终决定这些界面所限定空间的形式，并塑造所围合空间的属性。

居室空间界面有各自的功能和特点，各界面对满足物质和精神需求不同，在设计处理时对形、色、光、质等因素上处理也不同。居室空间界面内容主要是由墙面、地面、顶面以及各种隔断组成。

1.墙面

墙面是指室内空间的墙面，起空间围合作用，决定大的空间形态，具有隔声、保暖、隔热等基本功能。因为墙面是视线集中的地方，所以也是设计师关注的重点。如有玻璃部分，则应注意对景处理。（图3-2-1）

图3-2-1　某居室空间墙面设计

2.地面

地面是指室内空间的底界（底面），地面作为居室空间的承重基面，是室内环境设计内容的主要组成部分，也是人们日常生活接触最多的面。地面的处理形式应根据其功能区域进行划分，地面的变化意味着不同的空间限定的变化，这种变化必须与整个平面的设计相对应，以引导人的行为。（图3-2-2）

图3-2-2　某居室空间地面设计

3.顶面

顶面指的是室内空间的顶界面，在建筑上也被称作"顶棚""天棚"等。居室空间的高度会影响居住效果，过高或过低给人的视觉感受都不好。对于顶面的不同处理，表现着不同的设计理念。居室顶面设计造型要以简洁为宜。（图3-2-3）

图3-2-3　某居室空间顶面设计

二、室内空间界面的表达

1.室内空间界面的类型

一般来讲，面是主要的空间限定实体，其次是线的排列，由于线的叠透性其限定程度弱于实面，单独的较小物件可看作是点。室内空间界面就类型来讲，可分为水平界面和垂直界面。

水平界面又包括顶面、地面以及在二者之间的垂挂、悬挑的、起到界定作用的横向隔断等。顶面是区分室内外的首要元素，是传达给人类室内领域感的最敏感的元素之一。垂挂面，通过某种构件以顶面为基础向下方进行某种形式的垂吊，并构成分隔、界定作用的横断面；悬挑面，与立面相关联向水平方面伸展的横断面。地面，是构成空间最基本界面，也是最稳定的要素。

垂直界面包括分隔室内外空间的墙面，还包括分隔室内空间的各种形式的隔断及其家具，等等。垂直界面通常比横向的界面更灵活，有更多的塑造可能性。垂直界面围合空间的同时，支撑了空间的顶界面，也构成内部空间的流通和导向感，从而也控制了室内外空间环境的视觉和空间连续性。垂直界面不单单是限定了空间，也创造出个性化、奇特的空间形态和变化多样的形式感。（图3-2-4）

身在二维空间中就起着界定作用，线自身的方向性，能够表现出极好的速度感；面具有较强的遮挡、封闭感，其界定、分隔功效最强，其中实体的面往往也会阻隔声、光、景色，降低了空间的通透感。（图3-2-5）

图3-2-5　某居室空间设计

3.影响室内空间界面设计的因素

（1）材质

作为空间设计的主要对象，"界面形态"本身是由不同材质配合不同的形态造型加以糅合实现的。界面材质本身所具有的质感、肌理、重量感等决定界面本身的特质。不同材质的界面形态可以营造不同的空间界面视觉感受。相对于界面形态的设计，界面材质的选用，可以说有非常广泛的选择性，因为材料的种类随科学技术的发展，为界面形态的塑造提供了无限的可能性。（图3-2-6）

图3-2-4　某居室空间界面处理设计

2.室内空间界面的形式

空间设计中的基本要素就是点、线、面、体。视觉上的室内空间界面形式主要有阵列或散布的点状元素、虚面感的线材、体量感的块材等。概括起来，室内空间界面也可从点形式、线形式、面形式三方面来探究。点的穿联生成多条线或面，从而起到空间界定作用。室内的小构件，较小的体块甚至灯具发散的电光源都可以看作是"点"；线形式本

图3-2-6　空间界面设计因素—材质

（2）色彩

色彩是敏感的、最富表情的视觉要素，它可以在形体表现上附加大量的信息，利用其冷暖感、远近感、轻重感、涨缩感来丰富空间表情。从传统建筑室内界面中的彩绘、壁画到现代室内界面中抽象的色块涂饰，都体现了色彩的造型功能。多种多样的色彩感觉，还可以对室内界面的尺度比例、空间远近层次感、界面的方向感等进行调节，进而创造出设想的情感体验。（图3-2-7）

图3-2-7　空间界面设计因素—颜色

（3）光

勒·柯布西耶说："建筑艺术的要素是墙和空间，光和影。"这里的光和影顾名思义，便是强调光线的重要性。在室内空间中，相对于自然光源，人工光源的丰富变化性起到了更显著的作用。点光源或光源射线所构成的阵列，除了具有很高的空间延展特性外，还可以丰富空间界面。此外，光也可以对空间的围合程度产生影响。漫射光穿插在在界面中不同位置可以形成不同空间效果，直接影响空间界面的尺度、形状、质地和色彩的感知。（图3-2-8）

图3-2-8　空间界面设计因素—光

（4）界面组织的空间层次感

室内空间是一个有机体，是空间中所有元素的对话过程。对话需要有节奏感、连续性、起伏转承。空间界面作为主要的视觉和功能元素，是塑造空间层次感的主要力量。各种界面有主有从，有显有隐，有实有虚，有繁有简，有大小的交替，有方向的交替，有色彩的交替，交织穿插最终呈现出非常具有形式美感的室内空间。此外，由于室内空间与人日常生活非常贴近，界面组织还要考虑到人的日常行为习惯。（图3-2-9）

图3-2-9　空间界面设计因素—层次感

4.当代室内空间界面发展新趋势

建筑室内空间发展至今，界面已被看作独立的元素而不是附属品，室内空间界面开拓了独立发展的领域。新思维、新潮流、新技术的冲击，使界面的处理手法产生由形态到属性的变化。

从空间上讲，界面形式逐渐模糊化，如地面与墙面或墙面与天花板的区分日趋模糊；室内界面将几何形态与有机形态融合在一起，界面不再像以往规整和稳定；空间内饰物家具发展的新形式也愈来愈人性化，且与空间更贴合，自然地分隔了室内空间，充当了界面的分隔角色，因此室内环境中的界面形象不再孤立和单一，更加多元化。

从工艺上讲，室内环境设计越来越多地融合了绘画、雕塑等艺术形式的理念与手法，即将二维平面的工艺与三维空间艺术处理相糅合。计算机技术不断发展，为设计师提供了全新的手段和设计理念，实现了传统手段难以实现的异形空间界面形式；多媒体技术的不断突破，将声、光、影像等加入室内环境空间界面的装饰之中，室内空间的界面挑战人们新的视觉感受。

从材质上讲，当代社会人们不再注重强调空间形态元素的体量感，更偏好轻盈明快的空间形态。市场上透明质感的材料开发得很快，玻璃、有机塑料、半透明膜等种类非常多，由透明材质塑造的室内空间渗透效果明显，通透感强烈。此外，创新与复古材质的并置和拼贴，材质的差异性产生强烈的对比效果，增强空间界面的视觉吸引力，塑造出趣味性的空间形态。（图3-2-10）

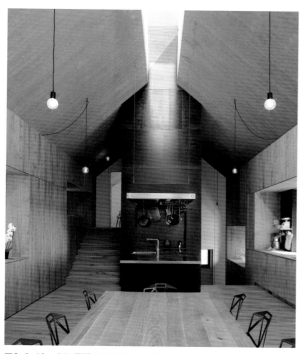

图3-2-10 空间界面设计因素—新趋势

第三节 居室空间人与环境的关系

一、居住空间与人的行为

在当代艺术设计中，设计观念不断更新，对传统的眷恋，对文化的认知，对当代审美价值取向的判断，是居室空间设计过程中要思考的问题。充分利用室内设计基础原理，开拓设计思维，把握设计方法，注重"人的生理需求"和"人的心理需求"，处理好功能和审美二者的关系。

居室空间设计首先要考虑的是人的因素，对该问题，有些设计师依赖于自己的工作经验和直觉；而有的却将设计的程序模式化，采取所谓的按系统方法进行规划与设计。但无论采取何种途径，"人的行为"是决定构思和评价标准的重要因素之一，即在设计过程中，一方面要预先考量使用者是否方便使用；另一方面在推敲设计方案时，还要把"功能分区""流线不交叉"等这些设计因素自然地考虑其中。（图3-3-1）

在居室装饰设计上，空间的利用要合理，居住空间包含了人们复杂的行为内容，各种行为内容也对应着不同的空间和分区，而它们构成了一个能够满足人们基本行为要求的居住空间环境。人们的种种行为包括生理行为、生活行为、社会行为等，各行为空间由于职能和属性的不同而呈现出不同的空间形式，但各个行为空间都不是孤立存在的，它们形成良好的组合、影响的关系。互相作用才能将居住空间融合有机、统一且合理，即居室空间的合理分布和居室空间的扩展补充。室内空间的分布按生活习惯一般分为休息区、活动区、生活区三大部分。休息区是睡眠和休息的区域，应相对安静隐蔽、空气畅通；活动区包括学习、工作、待客、娱乐的区域，要求相对自如，整洁美观；生活区是就餐、清洗等区域，房间要求通风、安全、清洁。整体格局要紧凑、虚实相宜，各区之间要融洽和谐，室内家具的造型既要实用又能起装饰作用。居室装饰设计得好，空间利用会很充分又不显得拥挤。客厅、卧室、厨房、卫生间的装饰设计必须符合其特有的使用功能，进行与之相适应的设计。比如，厨

图3-3-1 某居室空间设计

房的装饰设计，在没有贮藏室的情况下，空间利用得好，可以做到一切杂物均在柜内，使人感到干净、整洁。（图3-3-2）

图3-3-2 某居室空间设计

二、行为心理与空间设计

居室空间的环境对人的心理和行为产生着不可忽视的影响，人在居住环境中，虽然个体之间存在差异，但在对待各种事物的反应或感受上却往往具有相同的行为特点和规律，这也是我们进行设计的切入点。当人处于居住空间中，都会力求不被干扰和妨碍，保持空间对自身相对自由及舒适，不同的活动有相应的生理和心理的范围。私密性及近端趋向是无疑是人们的心理要求。私密性在居住空间中

涉及的是空间范围内包括视线、声音等方面的隔绝要求；而近端趋向反映的是人们往往倾向于挑选封闭空间中距门口最远的位置的现象。通过对人们行为心理的了解，在进行空间功能划分时能够更好地把握人们的心理需求。（图3-3-3）

图3-3-3 某居室空间设计

1.人的行为特性——行为的定义

行为是为了满足一定的目的和欲望而采取的行动状态，借由这种状态的推移可以观察到行为的进展。为完成这种行为，需要具备一定的功能空间。与行为相比，动作比较偏重于生理和身体要素，行为则是由意志决定的，包含精神内容。（图3-3-4）

2.人的状态与行为

毫无疑问，人的行为是通过状态来表现的，人

图3-3-4　某居室空间设计

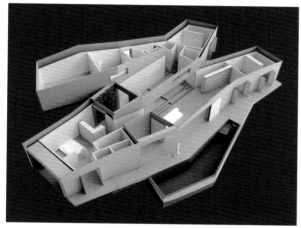

图3-3-5　某居室空间设计

赖以生活的社会也是无时无刻都在变化着的，不存在相同状态。这种变化的状态，在生活不发生故障的时候是正常的，或者称之为常态；当这种状态在生活中受到某些影响时，则会变为异常状态；而当异常状态进一步恶化，则会表现出恐慌状态。（图3-3-5）

3.行为的把握

对在空间中人的行为的把握，主要是从空间的秩序、空间的流动、空间的分布以及空间的对应状态四个方面着手。其中，秩序主要是指行为在时间上的规律性与一定的倾向性；流动是指从某一点运动到另一点的两点间的位置移动；分布是指在某处确保其空间位置，或者说是空间定位；而状态则是指以什么样的心情进行活动的心理与精神状态。

（1）空间的秩序

空间的秩序，即在具有一定功能的空间里，看到的所谓人的行为，尽管每个人都不一样，但仍然会显示出一定的规律性。如居室空间可以根据家庭活动及使用性质界定出公共空间、私密空间、家务空间等。

（2）空间的流动

空间的流动，即在生活中，人们按照行为目的改变场所的行动是频繁可见的。如在住宅里，人从一个房间到另一房间的移动，这样由转移的行动所构成的序列流称为流动。通过观察可以发现，在空间里的这种流动量和模式具有明显的倾向性，即流动特性。人们重复地沿着步行轨迹活动表现出来的就是"动线"，表示静态特性。

图3-3-6　某居室空间设计

就居室空间设计而言，动线设计指的是设计师有意识地以人们的生活路线及行为方式加以科学的组织和引导。如将居室动线划分为家务动线、家人动线和访客动线等。

（3）空间的分布

掌握个人的空间定位，把握人们在空间里的分布，可以通过现场体验和观察去获得。一般来讲，在建筑空间里，人的分布取决于空间构成要素和同他人的距离这两个因素。如在居室空间设计中，可根据居室空间现有空间的衔接关系，设置出合理的空间分区。（图3-3-6）

第四节　居室空间设计色彩表达

一、居住空间色彩的基本属性

色彩作用于居室室内空间气氛的形成。将不同元素用同一种色彩进行处理，或者同一元素用不同色彩来表现，如地面、墙面和家具都用白色来装饰，给人以整合的效果。如果三个居室空间墙面的一面墙的色彩发生了变化，产生了"分解"的形式效果，这种"整合"和"分解"的效果会改变设计形式元素的视觉知觉的秩序，也会对形式的体验产生重大影响。（图3-4-1）

任何颜色均由三种要素构成，这三属性是指色彩具有色相、明度和纯度三种性质。色相——指的是色彩的相貌和名称，也就是它所显现的颜色。它主要用来区分各种不同的色彩。明度——指的是色彩的敏感程度，明度有两种含义，一是指色彩加黑或白后产生的深浅变化；二是指色彩本身的明度，如黄色明度高，蓝色明度则低。纯度——指的是色彩的鲜、灰程度，即色彩中色素的饱和程度的差别。原色和间色是标准纯色，色彩鲜明饱满，所以在纯度上亦称"饱和色"。如加入白色，纯度减弱（成为"未饱和色"）而明度增强了（成为"明调"）；如加入黑色，纯度同样减弱，但明度也随之减弱，则为"暗调"。

三属性是界定色彩感官识别的基础，灵活运用三属性变化时色彩设计的基础，改变色彩艺术性的同时也会引起另两种属性的改变。

色彩是可见光刺激人的眼睛时所产生的红、橙、

图3-4-2　某居室空间设计

图3-4-1　某居室空间设计

图3-4-3 某居室空间设计

果。第二，在整体造型的颜色搭配上，要把握好明度上的层次感。色彩的明度一般以稍作间隔为好，以相距两三度为宜。在居室空间设计中常以明度大小来体现室内环境的稳定和平衡。第三，在色彩调配上，还要注意保持色彩纯度的关系，饱和度较高的颜色，视觉冲击力较强，要注意相对应空间属性的选择。（图3-4-4）

图3-4-4 某居室空间设计

黄、绿、青、蓝、紫，以及白、黑、金、银的视觉感受。任何颜色均有三种要素构成，"色彩"是设计中最具活力的关键要素，其运用将直接影响设计的品质，提升人们对居住空间色彩的认识。运用色彩我们可以营造氛围，优化空间，突出个性。优质的色彩运用，可以帮助人们在有限的条件下提高生活质量和居住品位。（图3-4-2、图3-4-3）

二、居住空间色彩运用的基本规律

居室空间色彩有很多组成运用方式，空间的每个部分色彩在运用上可以保持色调统一的方法或运用不同色彩配合使用的方法，但要注意以下三个方面。第一，要求考虑色相的选择性。通过不同的色相获得不同的色彩效果。从居室空间的整体出发，结合房间的整体功能性、造型及使用者的性情等方面来考虑适当的颜色，如主卧室的色彩，采用偏冷的浅色或中性色，会使空间获得明快、简洁等效

三、居住空间色彩对人产生的心理作用

色彩在人们的心理上产生情感联想和带动，这是空间色彩对人产生的心理作用，不同空间有着不同的实用功能，相应的色彩选择也要依功能的差异而相应做出变化。色彩在某些方面直接影响人的生活感受，如纯度较低的各类灰色可给人带来安静、柔和、舒适的空间气氛。

同时，空间中色彩对人们的心理作用是基于个人不同的生活经验、知识结构、民族文化及宗教信仰而产生的。通过个体的差异，在居室空间色彩的设计上也要因人而异，但通过数据的统计归纳还是可以得到人们对颜色的普遍反应倾向，如红色可以带动人们情感，使人集中、兴奋或紧张；而蓝色令人联想到天空、海洋，使人得到舒畅和清凉的心理感受。适当合理地运用既可以使设计出彩也能提升使用者的居住体验。（图3-4-5）

图3-4-5 某居室空间卫生间设计

第五节　居室空间中的人体工程学

一、人机工程学与空间尺度

　　人机工程学，是应用人体测量学、人体力学、劳动生理学、劳动心理学等学科的研究方法，对人体结构特征和机能特征进行研究，提供人体各部分的尺寸、重量、体表面积、比重、重心以及人体各部分在活动时的相互关系和可及范围等人体结构特征参数；还提供人体各部分的出力范围以及动作时的习惯等人体机能特征参数，分析人的视觉、听觉、触觉以及肤觉等感觉器官的机能特性等。（图3-5-1）

　　在居室空间中任一个储柜或是家具都有固定的标准，这与人人机工程学相关，室内空间主要是"人"所使用，它的任何一部分的尺寸除了构造要

求外，绝大部分与人体尺寸有关，运用人体尺度反映人体所占有的三维空间，包括人体高度、宽度和胸前后径以及各部分肢体的大小来测量空间的尺度。（图3-5-2、图3-5-3）

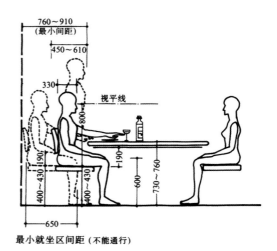

图3-5-1 居室空间人机工程学示意图

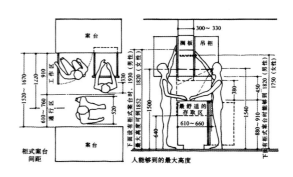

图3-5-2 居室空间人机工程学示意图

图3-5-3 居室空间人机工程学示意图

和谐的比例和尺度是居室空间设计的要素，如果空间的尺度、比例、布局设计不合理，会给人们的生活带来影响和不便。

（1）人体测量学

人体测量学是通过测量人体各部位的尺寸来确定个人之间和群体之间在人体尺寸上的差别的一门学科，是研究人体特征、人体静态结构尺寸和动态功能尺寸及其在工程设计中的应用等方面的一门学科。人体测量学的内容主要有以下四个方面。

①人体构造尺寸。指静态尺寸，它是人体处于固定的标准状态下测量的，可以测量许多不同的标准状态和不同部位，如手臂长度、腿长度、座高等。

②人体功能尺寸。指动态尺寸，是人在进行某种功能活动时肢体所能达到的空间范围，它是动态的人体状态下测得，是由关节的活动、转动所产生的角度与肢体的长度协调产生的范围尺寸。

③人体重量。指人的体重，目的在于科学地设计人体支撑和工作面的结构。

④人体推拉力。科学地设计家具五金的构造。

室内空间大小的确定更离不开人的尺度要求。确定一扇门的高度和宽度，要了解人在进入房间时的姿势和活动范围及其功能尺寸，才能科学准确地确定门的大小。确定观众厅里走道的宽度、座椅的

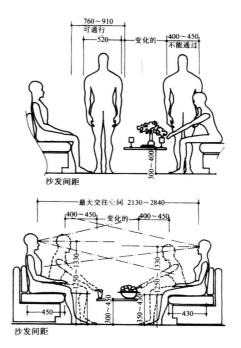

图3-5-5 居室空间人机工程学示意图

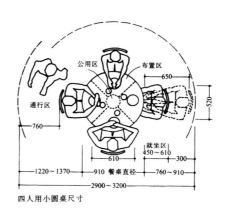

四人用小圆桌尺寸

图3-5-6 居室空间人机工程学示意图

排间距，就要了解人在通行时每股人流的最小宽度，了解人坐着时臀部到膝盖的尺寸和坐高，使观众能舒适地落座，既不影响他人的通行又不影响后排人的观看，且使每排间距最经济，从而节省面积和空间高度。

人的生活行为是丰富多彩的，所以人体的作业行为和姿势也是千姿百态的，但是如果归纳和分类的话，我们可以从中理出规律性的东西。（图3-5-4～图3-5-6）

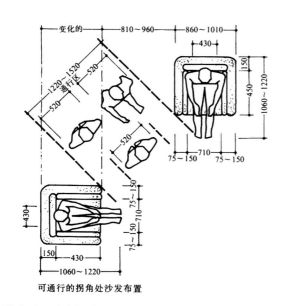

可通行的拐角处沙发布置

图3-5-4 居室空间人机工程学示意图

（2）人体的基本尺度

众所周知，不同国家、不同地区人体的平均尺度是不同的，尤其是我国幅员辽阔，人口众多，很难找出一个标准的中国人尺度来，所以我们只能选择我国人体平均尺度加以介绍。

在建筑和室内设计中，确定人的活动所需要的空间尺度时，应照顾到男女不同人体身材的高矮的要求，对于不同情况可以从以下人体尺度来考虑。

①应按较高人体考虑的空间尺度。宜采用男子人体身高幅度的上限即1.74m来考虑。例如，楼梯顶高、栏杆高度、阁楼及地下室的净高、个别门洞的高度、淋浴喷头高度、床的长度等。同时，要加上鞋的厚度20mm。

②应按较低人体考虑的空间尺度。采用女子的人体平均高度即1.56m来考虑，例如，楼梯踏步、碗柜、搁板、挂衣钩、盥洗台、操作台、案板及其他设置物的高度，另外，需加上鞋厚度20mm。

③一般室内使用空间的尺度。应综合我国成年人的平均高度1.67m(男)、1.56m(女)来考虑，另加鞋厚20mm～30mm。（图3-5-7）

二、人的生活行为尺度

人体活动的姿态和动作是无法计数的，但是在室内设计中，我们只要控制了它的主要的基本动作，就可以作为设计的依据了。人体动作域即人们在室内各种工作和生活活动范围的大小，它是确定室内空间尺度的重要依据之一。它以各种计测方法测定的人体动作域，也是人体工程学研究的基础数据。从人的行为动态来分也可以把它分为立、坐、跪、卧四种类型的姿势，各种姿势都有一定的活动范围和尺度。为了便于掌握和熟悉室内设计的尺度，下面将分别介绍人的各种行为和姿势的活动范围和尺度。（图3-5-8～图3-5-11）

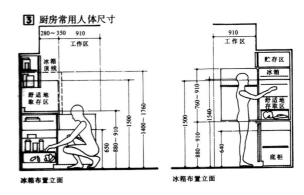

图3-5-8 人的生活行为尺度

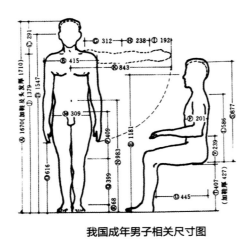

我国成年男子相关尺寸图

图3-5-7 人体的基本尺度

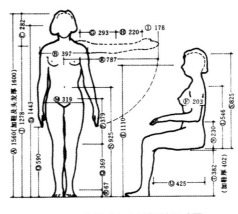

我国成年女子相关尺寸图

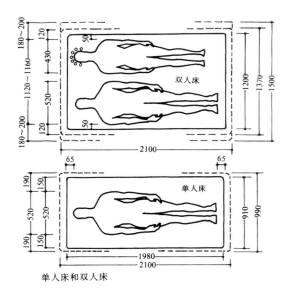

图3-5-9　人的生活行为尺度

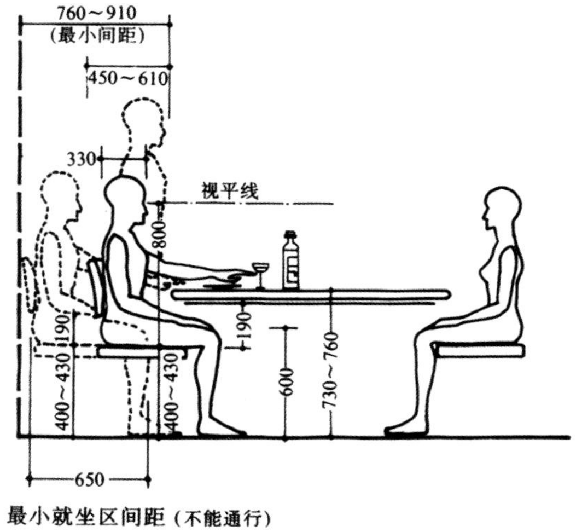

图3-5-10　人的生活行为尺度

图3-5-11　人的生活行为尺度

第四章 基础理论——居室空间设计的分类与表达

本章要点》
居室各空间的功能属性和基本常识。

学习目标》
1. 熟悉掌握居室设计表达的基本原则。
2. 重点掌握各类功能空间及家具与陈设的设计原则。

建议学时》
12学时。

第四章 基础理论——居室空间设计的分类与表达

第一节 居室空间设计表达的基本原则

居室空间为人们提供了良好的生活场所,它有助于人们身心的成长与健康。居室空间使让人们能从繁忙的工作和紧张的学习压力中解脱出来,让人感到在属于个人的温馨空间中,能发挥自己的潜能,从而给个人的创造性发挥提供一条途径。居室空间被认为是满足人类各层次需要的核心地带。我们的设计一直在找寻人与空间最近的那个点,让人在空间里去寻找到某一段记忆,体会到生活中的某一个场景,让人成为空间真正的主人可以尽情去挥洒内心的情怀。用最低的成本,以空间架构为基础,以人为中心,以生活为素材,让人与空间合二为一。因此,居室空间设计应遵循以下原则:

一、居室空间设计要满足使用功能要求

室内设计是以创造良好的室内空间环境为宗旨,把满足人们在室内进行生产、生活、工作、休息的要求置于首位,所以在室内设计时要充分考虑使用功能要求,使室内环境合理化、舒适化、科学化;要考虑人们的活动规律处理好空间关系,空间尺寸,空间比例;合理配置陈设与家具,妥善解决室内通风,采光与照明,注意室内色调的总体效果。(图4-1-1)

图4-1-1 居室设计

二、居室空间设计要满足精神功能要求

室内设计在考虑使用功能要求的同时,还必须考虑精神功能的要求(视觉反映心理感受、艺术感染等)。室内设计的精神就是要影响人们的情感,乃至影响人们的意志和行动,所以要研究人们的认识特征和规律;研究人的情感与意志;研究人和环境的相互作用。设计者要运用各种理论和手段去冲击影响人的情感,使其升华达到预期的设计效果。室内环境如能突出地表明某种构思和意境,那么,它将会产生强烈的艺术感染力,更好地发挥其在精神功能方面的作用。(图4-1-2)

图4-1-2 居室设计

三、居室空间设计要满足现代技术要求

对居室空间进行室内设计和装饰几乎是人们与生俱来的习惯。在室内设计的发展过程中,重点已由原来的室内装饰转向以空间规划、功能和结构设计、环境设计以及室内装饰技术方面。如灯光与照明设计、室内空间结构设计等,它们与现代建筑运动紧密联系在一起,在设计中尽可能采用新材料、新技术和新创意。建筑空间的创新和结构造型的创新有着密切的联系,二者应取得协调统一,充分考虑结构造型中美的形象,把艺术和技术融合在一起。这就要求室内设计者必须具备必要的结构类型知识,熟悉和掌握结构体系的性能、特点。现代室

内装饰设计，它置身于现代科学技术的范畴之中，要使室内设计更好地满足精神功能的要求，就必须最大限度地利用现代科学技术的最新成果。（图4-1-3）

图4-1-3　居室设计

四、居室空间设计要符合地区特点与民族风格要求

由于人们所处的地区、地理气候条件的差异，各民族生活习惯与文化传统的不一样，在建筑风格上确实存在着很大的差别。我国是多民族的国家，各个民族的地区特点、民族性格、风俗习惯以及文化素养等因素的差异，使室内装饰设计也有所不同。但要注意个性化设计的根本是精神、理念的创新，而不是简单的形式上的标新立异。设计中既可以通过色彩、造型、图案的独特运用手法来展现个性，也可以借助地域特色、民族特点和传统文化精髓的再利用与创新来凸显设计的个性化特征，以唤起人们的民族自尊心和自信心。（图4-1-4）

图4-1-4　居室设计

五、居室空间设计应满足基本需求

美国著名社会心理学家马斯洛归纳的人们需要层次的五个层次：生理需要、安全需要、爱与归属的需要、尊重的需要、自我实现的需要。营造一个优美舒适的居住空间环境是每个家庭所希望的。由于人们审美取向不同，标准难以统一，但根据不同的经济投入和不同的居住标准，创造多种类型、风格各异、富有个性的居室空间是设计师应尽的责任。同时又是对设计师审美能力、造型水平、装饰材料和装饰手法以及色彩控制力等综合表现能力的考验。（图4-1-5）

图4-1-5　居室设计

总之，设计师要通过居室空间室内设计的创作过程，将美的创意表现出来，以多风格、多层次、有情趣、有个性的设计方案，让美充满整个空间，为人们提供优雅舒适的居室空间环境。

装饰造型并不是一个孤立的个体，在室内空间中，它与色彩、材质、光线等其他要素之间存在着相互依存、相互影响的重要关系。在同一居室空间内，吊顶造型、墙面造型与地面造型风格要统一。而室内灯光的亮度、颜色的调节、造型的搭配、家具的材质与风格和居室整体的色彩都是相辅相成的。装饰造型艺术更是一种三维空间立体表现的艺术，在居室空间中，它可以是现代气息浓厚与时代紧密结合的，也可以是复古华丽具有艺术感觉的，还可以是典雅温馨充满乡村田园气息的。一个造型相当于一个符号，这个符号代表了你对装饰造型艺

术风格的感知与感受。居室空间造型艺术是一种既注重视觉效果与整体结构，又注重人们的身心感受的艺术。一个好的室内设计中，更不能缺少一些好的装饰造型设计。同时，在选用装饰材料的时候，要注意环保和节能，维护资源的可持续发展。设计者只有加强对装饰材料特性的理解和掌握，才能合理地运用装饰材料，设计出人性化的室内空间环境，提升人们的生活品质，满足人们的需求，为人们打造出舒适、美观、健康、安全、功能合理、耐久与经济、节能环保的生活空间。

居室空间是由一系列领域构成的，主要包括客厅、餐厅、厨房、卧室、书房、儿童房、卫浴、门厅等家庭生活领域。本章针对居室空间中的各具体功能空间进行分析并提出一定可行的形式表达方法，旨在激发和提高学生的空间感知能力、空间创造能力和空间装饰造型能力。（图4-1-6～图4-1-8）

图4-1-6 居室设计

图4-1-7 居室设计

图4-1-8 居室设计

第二节 客厅的室内设计

一、概述

客厅也叫起居室，是家庭成员集聚休闲、娱乐及会客的区域，是家庭"内部"公共场所，开放式空间。客厅一般由五个界面组成围合，由于客厅的自身功能，决定了客厅不能全部围合，因此，客厅与门厅、餐厅形成贯通式、开敞式的空间格局。

客厅的装饰风格、材料应用、陈设品、色彩都能反映居住者的审美取向、职业、个性等。客厅不仅是会客的区域，更主要是使居住者摆脱工作的疲劳，在此满足居住者者闲适的地方。客厅在人们的日常生活中使用是最为频繁的。作为整体居室空间的中心，客厅值得人们更多关注。因此，客厅往往被主人列为重中之重，精心设计、精选材料，以充分体现主人的品位和意境。

二、设计原则

客厅一般可划分为会客区、用餐区、学习区等。在满足客厅多功能需要的同时，应注意整个客厅的协调统一；各个功能区域的局部美化装饰，应注意服从整体的视觉美感。客厅的色彩设计应有一个基调。

一般的客厅色调采用较淡雅或偏中性的色调。向南的居室有充足的日照，可采用偏冷的色调，朝北居室可以用偏暖的色调。色调主要是通过地面、墙面、顶面来体现的，而装饰品、家具等只起调剂、补充的作用。总之，要做到舒适方便、热情亲切、丰富充实，使人有温馨祥和的感受。

三、装饰造型设计表现形式

客厅空间的装饰造型设计是整体居室设计中的重要组成部分，它的装饰造型风格决定了整体空间的造型风格，无论是简欧式、新中式、简约式，都以一个装饰风格为核心，起着承上启下的作用。是空间运用艺术手法设计最多的空间之一。由于该空间也是居室空间中开间最大的空间，在装饰造型设计上具有很强的艺术视觉冲击力。

客厅的主要装饰造型设计体现在电视背景墙和组合沙发背后的立面墙上的设计上，这部分的设计，用多元的思维角度、跨界的语言模式去展开设计，如影像、现代陶艺浮雕、纤维艺术、波普艺术、装置艺术。不仅是挂幅画简单地陈设，是在立面墙上重新建构一个画面，一个赏心悦目的具有艺术视觉冲击力的设计作品。(图4-2-1～图4-2-7)

图4-2-2 客厅设计

图4-2-3 客厅设计

图4-2-1 客厅设计

图4-2-4 客厅设计

图4-2-5　客厅设计

图4-2-6　客厅设计

图4-2-7　客厅设计

第三节　餐厅的室内设计

一、概述

现在的建筑空间布局，餐厅与起居室是贯通连接的，也可以从起居室中以隔断或家具分隔出来的相对独立的用餐空间，并与厨房靠近，餐厅在家居生活中同样占有重要的地位，因此营造一个温馨、浪漫、典雅的用餐空间环境是十分重要的。

二、设计原则

1.注重实效合一。设计餐厅时，应该注重实用和审美相结合。在满足这个基础上再配置一些家具用品等就能使房间更加美观和舒适。

2.分析居住者的烹饪和饮食习惯，合理的设计才能满足居住者的饮食需求。依据餐厅的空间面积，可以单独设立吧台区域，用于调整居住者早餐饮食方式的状态。

3.注意色彩的搭配。餐厅空间设计时，应该考虑各空间之间、空间和家具之间的色彩不能反差太大，更不能为了突出个性而忽视颜色之间的搭配，所以，在选择色彩时，切忌颜色过多，可以多用中性色，如沙色、石色、浅黄色、灰色、棕色，这些色彩能给人宁静的感觉。

三、装饰造型设计表现形式

餐厅装饰造型设计要强调个性，除了符合整体的空间设计风格以外，餐厅设计风格可以多元化，

图4-3-1　餐厅设计

图4-3-2 餐厅设计

图4-3-3 餐厅设计

图4-3-4 餐厅设计

可以将接近的风格相结合，但不能将完全不相同的风格融入一起，如中式和欧式。餐厅装饰造型设计应以营造优雅的环境、浪漫的情调为主，并融入相应的文化气息，不能只建立在满足功能上，主要体现在陈设的布置。(图4-3-1～图4-3-4)

第四节　厨房的室内设计

一、概述

厨房设计是指将橱柜、厨具和各种厨用家电按其形状、尺寸及使用要求进行合理布局，巧妙搭配，把洗涤—配置—烹饪—备餐的基本顺序、排列各环节的设施用作实现厨房用具一体化。依据居住成员的身高、烹饪习惯及厨房空间结构、照明、结合人体工程学、工程材料学和装饰艺术的原理进行科学合理的设计，使科学和艺术的和谐统一在厨房中体现得淋漓尽致。

二、设计原则

重要的是优先考虑实用性，合理动线、洁净明亮、注重细节、注重效率、设备安排操作使用便捷。合理布置灶具、排油烟机、热水器、微波炉、消毒柜、电冰箱等设备，必须充分考虑这些设备的安装、维修及使用安全。

在空间组织上，可以依据建筑空间结构的形式，划分厨房空间，如封闭型厨房：把烹调作业效率放在第一位考虑的独立式厨房专用空间，它与就餐、起居、家事等空间是分隔开的；家事型厨房：将烹调同家事如洗衣等劳动集中于一个空间的厨房形式；开放型厨房：将餐室与厨房并置同一空间，将烹饪和就餐团聚作为重点考虑的设计形式；起居式厨房：将厨房、就餐、起居组织在同一空间，成为全家交流中心的一种层次较高的厨房形式。根据四种空间形态的形式，并依据空间的大小及居住者的喜好，可在厨房空间设立一个岛台，是一款新颖而别致的设计。

厨房的色彩搭配在选择家具和设备的同时，也同样考虑它们之间的色彩关系。可借橱柜和家电设备的色调形成一个主题，如田园风格、现代风格等。

三、装饰造型设计表现形式

当今时代，随着全球跨地域文化交流的不断深入，厨房生活的理念发生了明显的变化。具体表现在：强烈的时代气息与个性化风格被重点提倡，厨

图4-4-1　厨房设计

房生活的科学性、合理性在逐渐加强，传统橱具风格与时尚流行风格的深入融合，等等。如古朴、自然、素色水泥、访旧的界面装饰设计与工业化大生产橱柜及高科技的家电设备交融在一起，形成材质上、视觉上的反差对比，以特有的肌理美感呈现，美不胜收。由于家居空间的大幅扩充，开放式的厨房不再只是主妇的专属地，而是供人们参与、体验、家庭情感沟通、朋友聚会互动的多功能、娱乐化、舒适性的方向发展。使人们从厨房的劳作中解放出来，使厨房真正变成一种愉悦精神的身心享受之地。（图4-4-1～图4-4-6）

图4-4-2 厨房设计

图4-4-5 厨房设计

图4-4-3 厨房设计

图4-4-6 厨房设计

居住者在其内睡觉、休息的房间。卧室又被称作卧房、睡房，分为主卧和次卧。主卧通常指一个家庭场所中最大、装修最好的居住空间（非活动空间）。有时也指家庭中主要收入者的居住空间。次卧指区别于主卧以外的居住空间。卧室，不一定有床，不过至少有可供人躺卧之处。有些房子的主卧房有附属浴室。卧室布置得好坏，直接影响到人们的生活、工作和学习，卧室成为家庭装修设计的重点之一。因此，在设计时，人们首先注重实用，其次是装饰。在风水学中，卧室的格局是非常重要的一环，卧室的布局直接影响一个家庭的幸福、夫妻的和睦、身体健康等诸多元素。好的卧室格局不仅要考虑物品的摆放、方位，整体色调的安排以及舒适性也都是不可忽视的环节。

图4-4-4 厨房设计

第五节　卧室的室内设计

一、概述

卧室是现有家庭生活中必有需求之一，是供

二、设计原则

卧室是人们休息的主要区域，是直接关系到人们的生活、工作和学习质量，所以卧室设计时要注重实用，其次才是装饰。卧室的功能比较复杂。一方面，它必须满足休息和睡眠的基本要求；另一方面，合乎休闲、高质量的睡眠和卫生保健等综合需求。根据这些原则，卧室可分为睡眠、休闲、贮藏等到区域，有条件的卧室还包括读写、梳妆、单独的卫生间和户外活动等区域。具体应把握以下原则。

1.卧室的设计必须在隐秘、恬静、便利、舒适和健康的基础上，寻求优美的格调与温馨的气氛。更重要的是，应当充分表露使用者的个性特点，使其生活能在愉快的环境中获得身心的满足。

2.私密性是卧室最重要的属性，是供人休息的场所，是家中最温馨与浪漫的空间。

3.卧室里一般要放置大量的衣物和被褥，因此设计时一定要考虑储物空间，不仅要大而且要使用方便。床头两侧最好有床头柜，用来放置台灯、闹钟等随手可以触到的东西。

4.色调和谐，卧室的色调由两大方面构成，设计时要考虑墙面、地面、顶面本身的各自颜色；后期配饰窗帘、床罩等也有各自的色彩。这两者的色调搭配要和谐，要确定出一个主色调，窗帘和床罩等布艺饰物的色彩和图案要能统一起来，整体配套。卧室的色调倾向于淡雅、温馨，选择适用于睡眠的色彩基调及符合人们通过色彩在人们心理所产生的作用。

卧室的功能主要是睡眠休息，属私人空间，墙壁的处理越简洁越好，通常刷乳胶漆即可，床头上的墙壁可适当做点造型和点缀。卧室的壁饰不宜过多，还应与墙壁材料和家具搭配得当。卧室的风格与情调主要不是由墙、地、顶等硬装修来决定的，而是由窗帘、床罩、衣橱等软装饰决定的，它们面积很大，它们的图案、色彩往往主宰卧室的格调，成为卧室的主旋律。

三、装饰造型设计表现形式

卧室的装饰造型设计除欧式和传统中式以外，

图4-5-1 卧室设计

图4-5-2 卧室设计

图4-5-3 卧室设计

应以相对的简约装饰造型设计主，重点装饰造型设计在床头的背景墙和家具的选择上，还包括床上纺织用品、地毯与整体空间的色彩、风格搭配上。(图4-5-1～图4-5-9)

图4-5-4　卧室设计

图4-5-8　卧室设计

图4-5-5　卧室设计

图4-5-9　卧室设计

第六节　书房的室内设计

一、概述

书房，又称家庭工作室，是作为阅读、书写、研究、工作的空间。书房，是人们结束一天工作之后再次回到办公工作环境的一个场所。因此，它既是办公室的延伸，又是家庭生活的一部分。书房的双重性使其在家庭环境中处于一种独特的地位。由于电脑的诞生和网络的发达，书房已经不再是传统的读书写字的地方，它可以是工作室，用于满足人们各种工作、职业、爱好的自身需要。

二、设计原则

由于书房的特殊功能，它需要一种较为沉稳的气氛。但书房同时又是家庭环境的一部分，它要与其他家居生活空间紧密相连，又透露出浓浓的生活气息。所以书房作为家庭办公室，就要求在凸显个性的同时融入办公环境的特性，让人在轻松自如的

图4-5-6　卧室设计

图4-5-7　卧室设计

气氛中更投入地工作，更自由地休息。

技术的进步与工作实践的改变，使较以往更多的人在家里工作，这并非意味着在家里设计出商业办公室，取而代之的是为居住者策划一个独特的家庭办公室。（1）家居办公室尽量不要让工作进入家居生活。（2）把文件与办公室工具储于不受干扰之处。（3）让家居办公室的有足够的电插头。保持电脑在稳固的平面上，离开直射阳光，周围有足够通风。

书房的色彩一般不适宜过于耀目，但也不适宜过于昏暗。淡绿、浅棕、米白等柔和色调的色彩较为适合。但若从事需要刺激而产生创意的工作，那么不妨让鲜艳的色彩引发灵感。

三、装饰造型设计表现形式

书房的装饰设计风格一般与整体的居室空间设计风格是一致的，但由于城市化进程的加快，书房的功能属性也在改变，是多元化的，如设计师、摄影家或爱好者、收藏家或每个人都有自己的喜好，所以书房的装饰造型设计也不是一成不变的，可以依据居住者的个性和职业展开设计，在装饰造型设计风格上可以与整体空间风格略有不同，彰显个性，突出职业性能，营造工作情趣的艺术氛围。(图4-6-1～图4-6-4)

图4-6-1 书房设计

图4-6-2 书房设计

图4-6-3 书房设计

图4-6-4 书房设计

第七节 儿童房的室内设计

一、概述

儿童室是指住宅除公用空间以外较为独立且符合儿童生理和心理发展需求的居室，通常以儿童卧室为代表。原则上，这种居室应依照子女的年龄，性别和性格等个性因素，以其成长发展为目标，进行环境的规划和设计。科学合理地设计儿童居室，对于儿童健康成长，培养儿童独立生活能力，启迪他们的智慧具有重要的意义，因此在儿童房的设计与色调上，要特别注意安全性与合理的搭配原理。儿童房的设计应满足两个基本条件：一是为其安排舒适优美的生活场所，使他们能在其中体会亲情，享受童年，进而培养对生活的信心和修养。二是为子女规划正确的生长环境，使他们能在其中启发智慧、学习技能，开拓生命的前途和理想。

二、设计原则

1. 安全

安全性是儿童房设计时需考虑的重点之一。儿童生性活泼好动，好奇心强，同时破坏性也强，缺乏自我防范意识和自我保护能力。在居室装修的设计上，要避免意外伤害发生，建议室内不要用大面积的玻璃和镜子；家具边角和把手应该不留棱角和锐利的边；地面上也不要留容易磕磕绊绊的杂物；电源最好选用带有插座罩的插座。

2. 环保

在装饰材料的选择上，儿童房的装饰、装修要选择加工工序少的装修材料，以"无污染、易清理"为原则，尽量选择天然材料，中间的加工程序越少越好。

3. 空间

启发创造性思维。为保证有一个尽可能大的游戏区，家具不宜过多，应以床铺、桌椅及贮藏玩具、衣物的橱柜为限。买家具的时候，应该考虑多功能且具多变性的家具。

4. 色彩

儿童房色彩和空间搭配上最好以明亮、轻松、愉悦为选择，不妨多点对比色。把孩子的空间设计得五彩缤纷，不仅适合儿童天真的心理，而且鲜艳的色彩会激发起希望与生机。

三、装饰造型设计表现形式

儿童喜欢在墙面随意涂鸦，可以在其活动区域挂一块白板，让孩子有一处可随性涂鸦的天地。这样不仅不会破坏整体空间，还能激发孩子的创造力。孩子的美术作品或手工作品，可利用展示板加个层板架放置，既满足了孩子的成就感，也达到了趣味展示的作用。（图4-7-1～图4-7-4）

图4-7-1 儿童房设计

图4-7-2 儿童房设计

图4-7-3 儿童房设计

图4-7-4 儿童房设计

第八节 卫生间的室内设计

一、概述

卫生间设计是针对日常卫生活动的空间的设计，主要通过沐浴设备、卫浴配件等来表现。卫浴俗称卫生间，是供居住者如厕、洗浴、盥洗等日常卫生活动的空间。卫生间不仅是满足人们生理需求的场所，而且已发展成为人们追求完美生活的享受空间。

二、设计原则

卫生间是居室最私密的空间，它与我们的健康密切相关。

1.空间

有足够空间条件的卫生间最好把卫浴分开，也就是干、湿区域分成两个部分。湿区不利于储物，适合于摆放洗浴用品，干区适合卫生纸、毛巾、浴巾的摆放。

2.通风

卫浴间里容易积聚潮气，所以要保持湿气排放和空气的流通。

3.注重

卫浴间里的卫浴设备、电器、管道的合理布置和安全性能。

4.色彩

卫生间宜用淡雅清洁感的颜色，除了白色以外，常用的暖色有米黄、暖灰、浅咖啡色等，地面则较多采用明度低的中性灰色调，从色彩的空间的明度分布来说，地面重，顶部轻，有稳定和扩大空间感的效果。

三、装饰造型设计表现形式

卫浴空间是体现居住者个人兴趣、品位、追求生活和个人理想化的一个场所，装饰造型设计主要体现在对风格的定位和界面肌理、色彩搭配的把握上，对卫浴洁具的选择上也有较高的审美要求，卫浴空间的装饰设计不同于宾馆的卫浴空间设计，它可以彰显居住者的品质环境气氛，还具有相应的浪漫气息。(图4-8-1～图4-8-4)

图4-8-1 卫浴设计

图4-8-2 卫浴设计

图4-8-3 卫浴设计

图4-8-4 卫浴设计

第九节　门厅的室内设计

一、概述

门厅不只是导引入室内的一处回廊，起着过渡的作用，要将它视为一个独立的房间，通过门厅这小小的空间，也能体现居住者的细腻程度和整体的装饰空间风格。

二、设计原则

在门厅和起居室之间，为了门厅对户外的视线产生了一定的视觉屏障，注重人们户内行为的私密性及隐蔽性，保证厅内的安全性和距离感，可以设立一个隔断，亦称玄关，玄关的变化离不开展示性、实用性、引导过渡性的三大特点，归纳起来主要有以下几种常规的装饰设计方法。

1.低柜隔断式是以低形矮台来限定空间，既可储放物品杂件，又起到划分空间的功能。

2.玻璃通透式是以大屏玻璃作装饰遮隔或既分隔大空间又保持大空间的完整性。

3．格栅围屏式主要是以带有不同花格图案的透空木格栅屏作隔断，能产生通透与隐隔的互补作用。

4．半敞半隐式是以隔断下部为完全遮蔽式设计。

5．随形就势引导过渡，玄关设计往往需要因地制宜，随形就势。

6．巧用屏风分隔区域，玄关设计有时也需借助屏风以划分区域。

7．内外玄关华丽大方，对于空间较大的居室，玄关大可处理得豪华、大方。

8．通透玄关扩展空间，空间不大的玄关往往采用通透设计以减少空间的压抑感。

三、装饰造型设计表现形式

门厅是一个连接家庭内部和外部、个体和共体的场所。人们出门入户过程更加有序。门厅在使用功能上，可以用来作为简单地接待客人、接收邮件、换衣、换鞋、搁包的地方，要注重收纳的布置和摆放。(图4-9-1～图4-9-4)

图4-9-2 门厅设计

图4-9-3 门厅设计

图4-9-1 门厅设计

图4-9-4 门厅设计

第十节 家具与陈设的室内设计

在居室空间设计中，家具与陈设的选择及搭配是最终形成整体空间设计风格和效果，除了使用功能外，家具在居室空间中还具有风格导向与调整空间关系的作用。家具的选择要注重使用功能，把握个性，还要注意家具的风格、造型、色彩、质地和空间关系等因素。

一、家具风格与作用

家具具有一定的艺术造型语言，有一定的风格倾向。因此，家具风格的选择，对于室内整体风格的形成有重要作用。从地域上区分，家具的风格主要有中式、欧式、北欧、美式、日式等；从时间、区域风格角度上，又可分为中国古典风格、新中式、欧式古典风格和现代风格等。总之，家具风格的选择与室内整体环境是相互联系又相互制约的，选择时，要以室内整体环境氛围及风格定位为指导，正确选择家具的风格。

家具的作用主要有以下几点。

1.满足实用、舒适美观。一方面，家具是实用品，实用性是家具存在的基础，是实现人们在室内能够舒适地坐卧、凭倚、贮藏等行为的器具，也是满足人们在居室空间内行动、生活的最基本需求。另一方面，家具又是陈设品，凝聚着人们精神层面上的需求。因此，正确地选择家具，不但满足使用功能要求，而且可以充分反映出空间个性与审美需求。

2.组织空间、利用空间。在居室设计中，利用家具的组合能起到组织、调整空间的作用，增加空间设计的灵活性，对空间进行再组织，提高空间的使用效率，形成鲜明的空间区域。如可通过家具的组织，在视觉和心理上把凌乱的场所调整为有秩序的空间，同时还可将室内的空间继续分割，使同一空间具备多种功能，在空间功能的分区划分上既顺畅又合理。

3.强化风格、营造气氛。家具的装饰作用在居室空间设计中不可或缺，尤其是家具色彩选择在居室空间中起到呼应或调节整体色彩的作用，增加空

间层次，营造空间氛围。家具的装饰性是由肌理、材质、颜色等多种设计要素支撑，通过设计师灵活地运用，既可满足人的基本需求，又体现时代感，给使用者提供更舒适、愉悦的居室空间感受。因此，根据不同的使用性质和氛围营造，正确选择家具是重要的环节。

4.表达性质、划分空间。家具是居室空间使用性质的直接表达，家具类型的选择与使用决定空间性质。一般来说，在家具没有布置前，人们较难识别空间的功能性质。布置后，不但明确了空间的使用性质，同时还对空间中的功能区域进行了划分和组织。正确地选择家具，不但能够满足使用功能的需求，而且还可以充分反映出居室空间的地位、内涵、个性等。（图4-10-1、图4-10-2）

图4-10-1 居室设计

图4-10-2 居室设计

二、家具的种类与布置

家具的种类繁多，按材料可分为实木家具、板式家具、金属家具、塑料家具、软体家具、玻璃家具等；按风格可分为欧式、日韩、美式、中式等；按家具结构可分为单体家具、配套家具、整体家居、组合家具等；按功能可分为客厅家具、储存家具、厨卫家居等；按使用对象可分为成人家具、儿童家具、老年人家具、残疾人家具等。

家具的布置要根据家具的形式和功能，结合相应的使用要求，选择位置要适宜，动静分区要合理。具体要求如下。

1.保持人流动线畅通

人流动线，即在居室空间内，人行走流动的路线，起着连接各个空间的纽带作用。人流动线的设计要基于居室空间中门的开、合位置和范围，并且需要家具的合理配置，提高使用效率。一般而言，主要人流通道宽度须保证800mm以上，即当一个人侧身站立时，另一个人也可以流畅地通过的宽度。主要流线通道非常重要，布置家具时要注意避让。

2.利用居室空间

通过家具的布置能够有效地利用空间和改善空间，提高使用质量。空间是由墙围合而成的，那么就一定会出现形态各异的角隅，尤其是在建筑平面不规则的空间中，因此，家具的布置一定要注意合理利用这些角隅空间，避免空间的浪费。如客厅沙发采用"L"形的布置方式，既形成了相对稳定的会客区域，又留出了便于行走的空间。

3.搭配效果

家具的合理搭配能产生风格各异的空间效果，提高居室空间的审美质量。家具的搭配有很多手法，可以根据造型、色彩、材质、风格等变化形成不同的搭配效果。如将时尚的金属家具与传统的实木家具同处一室，在强烈的质感对比下展现不同的趣味。（图4-10-3、图4-10-4）

图4-10-3 居室设计

图4-10-4 居室设计

三、居室空间与陈设

随着人们生活水平的日益提高，人们对居住的空间环境也提出了更高的要求，在满足宽松、舒适、便捷的基本条件下愈发注重空间的视觉优美感。在居室空间中合理地布置陈设装饰品，可增强设计感和时代感。

1.陈设品种类

居室陈设一般分为纯艺术品和实用艺术品两种。纯艺术品只有观赏价值而无实用价值，而实用工艺品则既有实用价值又有观赏价值。常用的居室陈设品有字画、摄影作品、雕塑、工艺美术品、日用装饰品等。居室设计陈设品始终以其能表达一定的思想内涵和精神文化在居室空间中占有重要的地位，是其他物质功能的配置所无法代替的，它对居室空间形象的塑造、环境氛围的渲染起锦上添花、画龙点睛的作用，也是完整的居室空间必不可少的精华所在。

2．陈设品分类

根据陈设品的布置位置分类可以分为：

（1）墙面陈设

墙面陈设一般以平面艺术为主，如书画、摄影、浅浮雕等，或小型的立体饰物，如壁灯等，也常见立体陈设品放在壁灯中，如花卉、雕塑等，并配以灯光照明，也可以在墙面设置悬挑轻型搁架以存放陈设品。墙面和陈设品之间的大小和比例关系是十分重要的，适当地留白墙面，给人获得休息的机会，避免产生视觉疲劳是很必要的。（图4-10-5）

图4-10-5 居室设计

（2）桌上陈设

桌上陈设包括不同类型的情况，如餐桌、茶几、书桌、斗柜、床头柜和鞋柜等家具。桌面摆设一般多选择精巧的兼具一定功能的小艺术品、花卉、茶具、灯具等。（图4-10-6）

（3）落地陈设

落地陈设一般为大型装饰品，如雕塑、瓷瓶、绿化以及灯具等，一般布置在视觉比较突出的地方，也可放置在厅室的角隅、墙边或出入口旁、走道尽端等位置作为重点装饰，起到视觉引导和对景作用。（图4-10-7）

图4-10-6 居室设计

图4-10-7 居室设计

（4）悬挂陈设

空间高大的厅室常采用悬挂各种装饰品，如织物、绿化、吊灯等，悬挂陈设可以弥补空间空旷的不足，起到装饰美化作用。（图4-10-8）

图4-10-8 居室设计

3.陈设品的布置原则

和谐是居室空间陈设品的布置的重要原则，即空间中的各种陈设装饰品和布置手法都应与家居空间和谐统一。陈设品的布置应根据室内家具的形状、功能以及空间的大小、环境色彩、饰面材料和装饰风格等因素，选择合理的布置手法和陈设品，把握陈设布置的主次、轻重关系。具体而言，居室陈设的选择主要是处理好陈设与家具之间的关系，陈设与陈设之间的关系，以及家具、陈设和空间界面之间的关系。由于家具在居室中占有重要位置和相当大的体量，因此，陈设围绕家具布置已成为一条普遍规律。

重构是基于和谐原则上的陈设品布置手法之一，体现陈设品及家具在布置过程中各自突破原有形式，重新构成互为依存的新形式。重构的运用，可以丰富和完善家具功能所不能触及的位置，通过陈设品的布置调整空间中的疏密关系。在陈设品的选择和布置过程中体现了人的主观能动性，能够反映居室主人的文化修养、审美层次等。陈设品的布置手法包括陈设品的材质、颜色搭配等多种方式，这些方式和家具完美结合形成再创造。这个过程并非盲目地模仿时尚，而是自由心灵的展示和人性魅力的体现。这就要求在进行陈设品布置的前期，有计划地统筹安排，整体考虑，在实现舒适、自然、和谐的基础上表达自己的个性创意。但切记不可盲目追求个性或过多华丽的堆砌，喧宾夺主。具体居室陈设选择应考虑以下几点。

（1）陈设品应与功能相一致

居室的陈设应该与室内使用功能相一致，一幅画、一件雕塑、一副对联，它们的线条、色彩，不仅为了表现本身的题材，也应和空间场所相协调，满足不同功能需求。只有这样才能反映不同的空间特色，形成独特的环境气氛，赋予丰富的文化内涵。

（2）陈设品与家具尺度比例相一致

居室陈设品的大小、形式应与室内空间家具尺度取得良好的比例关系，室内陈设品过大，常使空间显得狭小而拥挤，陈设品过小又可能产生室内过于空旷的感觉，局部的陈设也是如此。陈设品的形式、形状、线条更应与家具和室内装修密切配合，达到和谐的效果。

（3）陈设品与设计风格一致

陈设品的色彩、材质也应与家具、装修统一考虑，形成一个协调的整体，在色彩上可以采取对比的方式以突出重点，或采取调和的方式使家具和陈设之间、陈设与陈设之间取得相互呼应，达到彼此联系和谐的效果。

（4）陈设品与家具布置方式一致

陈设品应与家具的布置方式紧密配合，注意风格的统一及稳定的平衡关系，才能形成良好的视觉效果。陈设品与家具布置方式可采用对称或非对称，静态或非静态，体现端庄、活泼、雅静的情趣。（图4-10-9～图4-10-12）

图4-10-9 居室设计

图4-10-10　居室设计

图4-10-11　居室设计

图4-10-12　居室设计

第五章 基础理论——设计的方法与步骤

《本章重点》
居室空间设计方案的过程及要求。

《学习目标》
1. 了解设计过程中不同阶段。
2. 掌握方案设计的方法与步骤。
3. 明确绘制图的方法和规范。

《建议学时》
6学时。

第五章　基础理论——设计的方法与步骤

第一节　居室空间设计的不同阶段

居室空间设计可分为项目策划、方案设计、初步设计和施工图设计四个阶段。

一、项目策划

项目策划是整个设计工作展开的基础，在项目设计开始之前，应该对要设计的项目进行明确的规划。

首先理解和分析设计任务书。任务书是对设计内容的文字表述，是对居室空间设计的指导性文件，是设计师进行设计的依据。

明确项目内容、设计目的及任务，这是设计前期阶段首先要清楚的问题，知道要做什么，继而思考如何去做，从功能、心理、审美等不同角度审视所需要解决的问题和要表达的东西，分析和制定项目标准、设计周期、需要实现的设计成果与要求。

对项目进行调查和研究。这包括咨询所面临的设计对象的相关信息，并对所面对的居室空间条件进行分析，详细勘探现场，进而查阅尽可能多的相关资料，并考察实例。并对业主的意向和喜好进行了解。（图5-1-1、图5-1-2）

图5-1-1　实地考察现场照片

图5-1-2　实地考察现场照片

二、方案设计

方案设计是整个设计工作的基础，因为这个阶段的成果就是设计完成后项目的基本面貌。具体来说，这个阶段工作重点是要与业主进行沟通（或者通过设计任务书），理解和掌握业主对设计的基本意向和打算。在此基础上，设计师提出自己的创意和想法，明确设计风格并形成设计方案。

在综合分析各种设计的条件以后，确定整个设计的平面布置，完成各主要界面的设计，并绘制主要室内效果图和制作设计所选用材料的实样展板，附上设计说明和工程的造价概算。（图5-1-3、图5-1-4）

三、初步设计阶段

初步设计阶段主要是在听取各方面的意见后，对已基本决定的概念方案设计再进行调整，并对照相应的国家规范和技术要求进行深入优化设计。协调设计方案与结构、相关设备工种等的关系。同时，应该确定方案中的细部设计，如不同材料之间的衔接、收边、板材分格的大小等在方案阶段中未经深入考虑的细节问题；并要补齐在方案阶段未出的相关平面和立面等的图纸。（图5-1-5、图5-1-6）

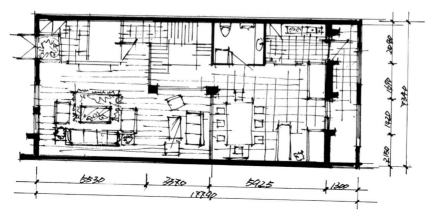

图5-1-3　平面图布局方案草图

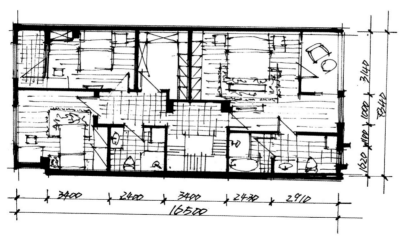

图5-1-4　平面图布局方案草图

图5-1-5　手绘草图

图5-1-6　手绘草图

四、施工图阶段

施工图的深度和质量是影响最后设计效果的重要因素之一。该阶段的居室空间设计文件主要包括详细的设计说明、施工说明、各类设计图表、施工设计图纸和工程预算报告等。施工设计图纸除了包括标注详尽的平面图、立面图和剖立面图以外，还应包括构造详图、局部大样图、家具设计图纸等内容。另外，还须提供设计最终的材料样板。

在整体施工图设计工作完成后，并不意味着全部设计的结束，设计师还需要在工程中与施工单位进行设计交接，遇到具体的问题还须对设计进行变更和调整，并协助甲方和建设单位进行工程的验收工作。

第二节　居室空间方案设计的方法与步骤

毫无疑问，做一切工作都要讲究方式和方法。同样，在进行居室空间方案设计时，采用科学的方法与步骤有助于设计工作的展开，有利于设计思维的拓展。居室空间设计的特点是有一定的时间限制，故采用相应的方法，对于提高效率、控制设计周期、确保设计成果按时保证质量地完成，也是至关重要的。

居室空间整个方案设计的过程大致可分为四个阶段：设计概念的形成、方案草图设计、方案深化阶段和方案完成制作阶段。

就设计而言，不存在唯一正确的合理答案。作为设计师，只能力求一个相对合理并能够使业主满意的方案。如果仅是在设计的概念上无休止地修改和调整，忽视在深化上下一定的功夫，那么就不能很好地协调设计概念与工程的实际状况可能存在的矛盾，即使有很好的创意，也难以得到理想的设计成果。反之，在方案的深化阶段，能够很好地处理空间形态、细部设计和色彩等的关系，但在设计概念上没有创意，或者缺乏个性的特征，要使方案具有吸引力也是非常困难的。再进一步说，即使有了好的概念方案，也擅长解决具体的设计细节问题，

但没有能力将方案表达好，那么，先前的工作也可能面临半途而废的窘境。所以，明确每个阶段的工作重点，并采用合适的设计方式，合理分配作业时间，是方案能否顺利进行的关键所在。

一、设计概念的形成

概念是"反映客观事物的一般的、本质的特征"。所谓设计概念，即是初步方案设计之前设计师针对某个项目酝酿决定所采用的最基本的设计理念和手法。设计概念的形成重在"意在笔先"，在对基地户型的实际况综合调查分析后，头脑中应形成基本想法与构思。观念的引入体现在技术上就是概念设计。设计概念反映着设计者独有的设计理念和思维素质，它是对设计的具体要求、可行性等因素的综合分析和归纳后的思维总结。居室空间设计的设计概念涉及方案实施条件的分析、设计方案的目的意图、平面处理的分析、空间形态的分析和形式风格的基本倾向等内容。

设计概念形成的主要思维的方法：（1）思想不应受任何限制，否则思维会受禁锢难以展开。（2）正确面对室内空间的建筑构造和使用功能限制的现实，直到概念的创意符合限定的制约条件。（3）概念设计中的整体与局部关系至关重要。在明确设计思路之后，应先从整体入手，考虑整个空间的功能布局。有了明确的方案后，再开始推敲局部的设计。局部的设计一定要服从整体要求，达到整体和局部的相对统一。（4）可从以下方面展开思维，进行空间形象构思，形成创意：空间形式、构图法则、意境联想、流行趋势、艺术风格、建筑构件、材料构成、装饰手法等。

项目的设计概念的形成，除了依赖于设计师的天分和涵养之外，从居室空间设计的设计概念所涉及的内容来分析，勤于现场调研是一个重要的途径。

现场调研的广度和深度可根据具体设计的内容而定。大到所设计项目周边的环境，如城市风貌的历史及其演变过程，小到设计对象现存的尺度和结构状况；既可对实施的项目进行实地考察，也可以对相关的项目设计进行比较和研究。结合具体设计

的使用要求，分析、比较各种思路和想法，就有可能提出可进一步发展的设计概念。

作为初学者可能对某一类的设计项目较陌生，在较短时间也没有机会参观相似的项目设计。那么，查阅相关书籍也是一种方式。重要的是不仅要看设计案例的成果图片，而且还要理解设计师的构思和想法，当然更要用所学的专业知识去自己辨别和分析，逐步形成作为室内设计师的设计思维方式，培养敏锐的感觉，这对于设计概念的逐步形成也必然是大有裨益的。

设计概念形成阶段的设计图纸没有必要涉及过细的具体设计内容，而是将重点放在概念形成的分析之上，反映的是整体的设计倾向。图纸上一时不宜表达的内容可以用文字予以提示，用特殊的线型说明流线和视线等的关系，用色块表示功能的分区，还可以用一些相关的图片来表现设计效果的意象。

设计概念的形成不是一蹴而就的，它也是一个需要不断地反复斟酌的过程，一个由模糊至清晰的过程。安藤忠雄在论述建筑的构思时讲道："人如果满足现状就会止步不前，自己应该具有主动的思考能力，而且自己要能够冷静客观地思考，持有自我批评、自我否定的能力。"这么一种学习研究状态，对于概念设计阶段和接下来的方案草图设计阶段，都显得尤为重要。（图5-2-1、图5-2-2）

图5-2-2　手绘草图

二、方案草图设计

在设计概念的形成过程中，对于所要解决的具体问题还处于一个基本的估计阶段，当进入方案草图设计阶段，就要针对设计任务书上的具体要求进行设计。

在此阶段，应依照设计概念所定下来的基本方向对整个环境的平面、空间和立面等内容进行设计。设计是整体的效果，虽然是草图阶段，还是应对所选用的材料和色彩的搭配做出规划，甚至于有一些照明设计的内容，因为照明设计与最终环境气氛的效果和人对形式的知觉有密切的关系。

方案草图设计的成果要求：基本的平面设计和顶面设计、重要空间的小透视、主要立面图、分析图若干个以及文字说明等等内容。

方案草图设计并非对设计概念不做调整。因为当进入具体设计阶段，也会发现原先的设计概念存在不合理，甚至于不可能实现的问题，随着工作的展开，觉得有更好的概念应取代原有的想法，这时，应对原有的设计概念做出及时的调整和修改，以免影响下一步工作计划的实行。（图5-2-3～图5-2-6）

图5-2-1　手绘草图

图5-2-3　手绘草图

图5-2-4　手绘草图

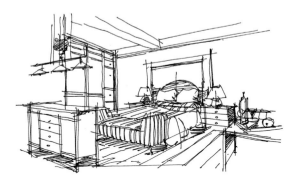

图5-2-5　手绘草图

图5-2-6　手绘草图

三、方案的深化阶段

设计思考的整体性在整个方案阶段应是一直强调的问题，也就是说，平面、立面、家具、照明、陈设等因素都是相互关联的整体。在设计草图阶段，不可能都考虑得非常周到，但它们都已被纳入到设计的整体思维之中，到了方案的深化阶段，就必须将已经思考过的这些因素用具体的图纸或电脑模拟的效果表现出来，这样能较直观地检查设计效果。

深化设计的阶段也是一个方案不断完善的过程。在这个过程中，要对平面的地面进行设计，因为地面是一种空间限定和引导人流活动的元素；还应对顶面进行深入设计，顶面也是空间限定和形式表现的重要元素，顶面上的灯、风口、喷淋等设备不仅有使用上的具体要求，其形式和位置也有一个美观问题，特别是灯具的形式和布置的方式对设计形式影响较大。

设计的深化不仅是将设计做得如何细致和全面，还应从设计的某个侧面来思考元素之间的相互关系。罗伯特·文丘里在他的《建筑的复杂性与矛盾性》著作中指出："一个建筑要素可以视作形式和结构、纹理和材料。这些来回摇摆的关系，复杂而矛盾，是建筑手段所特有的不定和对立的源泉。"所以从设计元素的整合效果和多重角色来思考设计，也应是设计深化的重要方面之一。

深化设计就是要在注重整性效果的前提下，在设计草图的基础上完善立面设计、色彩设计，完

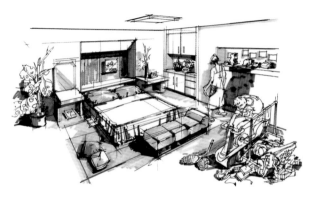

图5-2-7　手绘草图

图5-2-8 手绘草图

成家具的设计或者选型、绿化设计和陈设配置等工作。这个阶段的工作原则应是"宜细不宜粗",因为只有这样,才能体现"以人为本"的设计精髓。(图5-2-7、图5-2-8)

四、方案的完成制作阶段

方案的完成制作阶段。在课程设计中,也称作为"上板",主要是依据设计任务书具体的图纸要求,完成正图的绘制。

通常的方案设计图纸内容主要包括:平面图、顶面图、立面图(或剖面图)、室内效果图、室内装饰材料实物样板、设计说明和工程概算等内容。

在课程设计中,考虑到学生收集装饰材料样板较困难,即使有了样板,交图后保存也不方便,因此要求同学将所选用的材料照片附在图上即可,至于工程概算不作为主要要求内容。

在上板阶段,建议学生先进行效果图制作。因为在效果图制作过程中,能及时发现设计中存在的问题,尤其是设计中的材料选择和色彩的搭配,通过效果图能帮助深化设计,也有利于其他图纸进一步完善。

对于图纸的大小和形式,一般采用A1的展版为主,或者A3的文本形式。平时课程设计以展板的形式为主,这样便于教学之间的展示和交流,毕业设计是展板与文本相结合,文本主要是为了评阅人士方便审阅。

五、方案阶段三种常用形态研究的方法

三种常用形态研究的方法是:徒手作图、模型制作和电脑三维模型。

在设计概念形成的阶段,徒手作图是经常被采用的方法。因为徒手作图方便,便于交流,能看得出设计的思考过程,有利于激发设计师的灵感。虽然有时草图由于多次的修改显得有些模棱两可,但这种感觉时常也会给设计师一种新的启示或灵感。

在方案的草图阶段,常采用的设计方法是以徒手作图为主,并结合模型制作。这里讲的模型主要是指用于空间形态研究的,以纸板、木片等为材料制作而成的草模型。制作模型的重要性在于能够全面审视设计,因为徒手透视画或者计算机三维模型,都仅能从某个角度去审视,不佳的视觉角度往往会被忽略,掩盖设计可能存在的问题。而真实的模型可在短时间内进行多方位的比较研究,也易引导空间思维的深化。虽然制作真实模型需要花掉一定时间,但从教学结果来讲,设计效率反而会提高。

当方案设计进入深化设计和制作完成阶段,推敲和确定设计形态的方式主要以计算机制图为主。计算机制图不仅修改方便、定位精确,而且还可以调用大量的图块,使设计更加便捷。有的设计软件如Sketchup、3DMax能较真实地模拟三维效果,并有助于设计师对设计的效果做出及时的判断。若对方案的色彩设计进行比较,计算机的优势就更加明显,只要对模型材料库中相应的材料样本球设置加以修改,别样的色彩或材质组合的设计效果可在短时间内自动生成,这对方案的调整和优化是非常简便的。当然,计算机也不能完全代替手绘,因为计算机只能协助作图,原创还是要依靠设计者本人,能够激发人形象思维的手绘是计算机技术无法取代的。所以,在设计深化阶段,手绘方式仍有用武之地。(图5-2-9~图5-2-13)

图5-2-9　手绘效果图

图5-2-10　手绘效果图

图5-2-11 手绘效果图

图5-2-12 手绘效果图

图5-2-13 手绘效果图

第三节 室内方案设计主要图纸的具体要求

一、主要的设计图纸

方案阶段主要的设计图纸包括平面图、立面图、顶面图、剖立面图和透视表现画等。

二、主要设计图纸绘制的深度要求

1.平面图

方案阶段的平面图应该能够完整地表现设计空间的平面布置全貌。图纸主要内容包括建筑平面的结构和建筑墙体结构、门和窗洞口的位置、隔断、门扇、家具布置、陈设布置、灯具、绿化、地坪铺装设计等。并应注明建筑轴线和主要尺寸，标注地坪的标高，用文字说明不同的功能区域和主要的装修材料。并应标注清楚立面和剖面的索引符号。常用比例为1：100，1：50。（图5-3-1）

2.顶平面图

顶平面图表达的内容包括：顶面造型的变化、安装灯具的位置（大型灯具应画出基本造型的平面）、设备安装的情况等。设备主要指的是风口、烟感、喷淋等内容。并应注明具体的标高变化，用文字标注顶面主要的饰面材料，注明轴线和尺寸。常用比例为1：100，1：50。（图5-3-2）

3.立面图

立面图应表达清楚立面设计的造型特点和装饰材料铺设的大小划分，并应表达出与该立面相临的家具、灯具、陈设和绿化设计等内容。对于具体的饰面材料应用文字加以标注，应注明轴线、轴线

一层平面图 1:80

图5-3-1 平面图

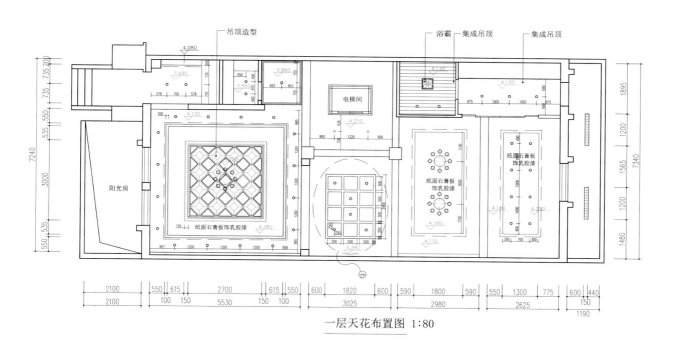

一层天花布置图 1:80

图5-3-2 天花布置图

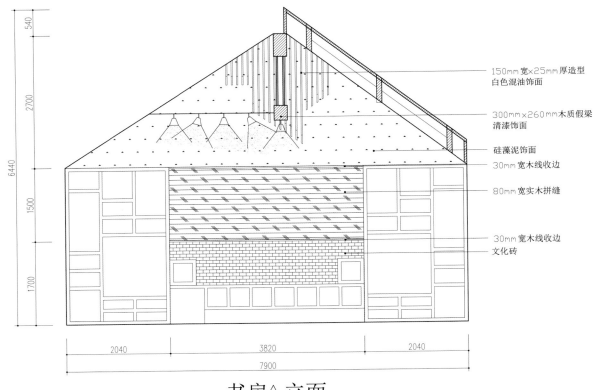

右侧标注（从上到下）：

150mm宽×25mm厚造型
白色混油饰面

300mm×260mm木质假梁
清漆饰面

硅藻泥饰面
30mm宽木线收边

80mm宽实木拼缝

30mm宽木线收边
文化砖

左侧竖向尺寸：540、2700、6440、1500、1700

下方横向尺寸：2040、3820、2040、7900

书房A 立面

图5-3-3 立面图

尺寸和立面高度的主要尺寸。常用比例为1：20，1：50。(图5-3-3)

4.剖立面图

剖立面图宜于表达清楚居室空间形态变化较丰富的位置。除了应画清楚剖切方向的立面设计的情况以外，剖立面图还应将剖到的建筑与装修的断面形式表达出来，标注要求同立面图。常用比例为1：20，1：50。(图5-3-4、图5-3-5)

5.室内透视表现图

与其他设计图纸相比较，室内透视表现图以透视三维的形式来表达设计内容，它是将比例尺度、空间关系、材料色彩、家具陈设、绿化等设计要素，设计师所欲创造的形式风格给综合地反映出来。它符合一般人看对象的视觉习惯，正因为如此，在实际的工程方案设计中，它常作为与业主交流和汇报方案的手段。在方案设计的进展过程中，室内透视表现图也作为方案效果研究的方法之一；在方案设计完成制作阶段，室内透视表现图作为最后确认设计效果的方法，也是评价设计成果的重要依据。

对于方案完成阶段的表现图来说，画面所表现的重点应放在：一是选取较全面反映设计内容和特点的角度；二是正确地表现空间、界面、家具、陈设之间的比例尺度和色彩关系；三是将材料的不同质感及相互对比的效果反映出来；四是照明设计的气氛；五是画面效果也能展示设计师在形式风格上的价值判断。

室内表现图的常用的表达手段有两种：一是手绘形式；二是电脑绘图形式。手绘形式的特点是生动和易产生个性化；电脑表现图的特点是精确、细腻，能产生逼真的效果，方便进行角度的调整，也易进行各种复合的效果操作。

设计要有深度，但这个深度要通过图的形式正确地反映出来，这个深度除了是设计所包含的信息外，绘画本身塑造形象的方法对于表现图深度的表现也是举足轻重的。在手绘表现方面常用的形式：一是以线条表现为主，二是以明暗方法为主。对于以线条为主要造型手段的形式，应注重线条本身的特点，线条疏密关系的主观控制；以明暗为主的表现形式，则将重点放在整个画面明暗构成关系的处

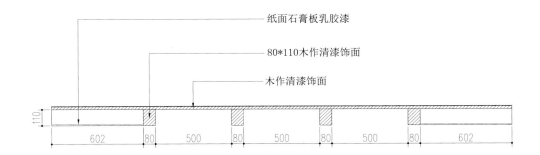

图5-3-4　剖立面图

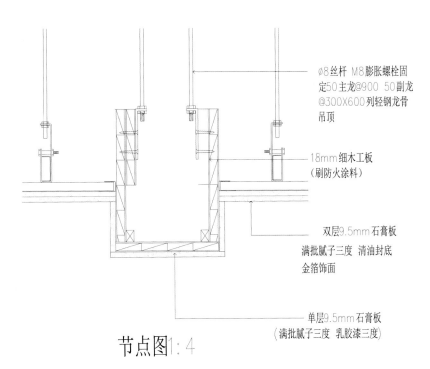

图5-3-5　剖立面图

理，注重界面由于受到不同的光照所形成的横向或纵向的明暗渐变，有时对于一些重点的界面，这种渐变可略作夸张表现，使整个画面效果更趋生动。对于电脑表现方面，首先应该明确电脑是人为控制的，要想在电脑表现方面取得令人满意的效果，也要有较强的手绘功底。有了扎实的美术基础，才能能动地运用软件去控制画面效果。具体地讲，对于追求逼真效果的电脑表现画，亦可采用手绘明暗控制画面效果的原则方法，在灯光设置和参数的调整时，有意识地形成整体画面的明暗变化，并结合后期制作，再对画面进行二次调整，以形成生动的明暗和色彩效果。

　　无论是采用手绘的形式，还是电脑绘图的方式，画面效果形成的关键之处还是作者采用怎样的理念去控制。若对艺术的视觉心理没有深刻认识，手绘的方法，同样会产生呆板的效果；若能充分展开形式联想，不局限于三维软件本身所固有的几种效果，运用图像复合的形式，电脑表现图同样能使人耳目一新。

　　室内透视表现图是整套设计图纸的重点，它从一个侧面反映了设计者的审美倾向，是整个设计表达环节中最易产生视觉冲击的一部分。从课程设计这一角度来看，它也是学生设计能力的佐证。

　　一套设计的图纸除了上述主要内容外，另外还包括文字说明、反映设计意向的分析图和图像照片资料等内容。为了使这些内容有一个整体形象，就得对这些内容在图纸上的位置进行安排并对版面进行设计。图纸版面的设计目的是为了突出此设计的设计内容和设计特点，也为了使呈现的内容更具条理性。所以，在进行图纸最后制作前，应对图纸的版面、图纸内容的构图、图面色调、字体的选用等内容进行一番精心的设计。图纸版面是整个设计的"包装"，它对于学生完善视觉设计经验，从整体上提高设计能力，也是一个有效的训练途径。

　　版面设计是设计整体表现的重要部分，它也许有助于使设计在评阅过程中脱颖而出；也许能吸引评判者瞬时抓住设计最为华彩的部分；也许能使观者对设计展开新的联想；也许它使人们体验到设计师追求的艺术境界。(图5-3-6～图5-3-16)

图5-3-6　书房现场图

图5-3-7　卧室效果图

图5-3-8　客厅效果图

图5-3-9 现场图 图5-3-10 卧室现场图

图5-3-11 书房效果图

图5-3-12　卫生间效果图

图5-3-14　卫生间效果图

图5-3-13　卫生间现场图

图5-3-15　其他效果图

图5-3-16　其他效果图

第六章 居室综合设计

〔本章重点〕
装饰材料的性能及施工工艺与技术。

〔学习目标〕
了解照明设计的基本常识，通过对主要材料性能的理解和施工工艺与技术的掌握，更好地进行居室空间的综合设计。

〔建议学时〕
8学时。

第六章　居室综合设计

第一节　理论讲授内容——设计概述

室内设计担负着四大任务：对室内空间的艺术加工、对环境品位的文化润色、对物质功能的深度体现和对设计意图的技术保证。

不可忽视的另一个方面，是实现其设计意图的技术设计。它包括室内各个部位的构造设计、材料与设备选择、经济分析，以及与相关设备专业的配合与协调。因此，室内设计师不仅要有巧妙的设计构思、高品位的设计理念、得心应手的表现手段，而且必须掌握市场上可供使用的材料与设备的性能、表现力、适应性和价格等知识与信息，精通室内各个部位具体的构造做法和相关的技术规范。

任何一个成功的室内设计作品，不仅是室内设计师自身专业知识、艺术素养与创作才能的展现，而且同时也是室内设计师与建筑、结构、电气、设备（采暖、空调、给水排水）等专业密切配合、各方协调、卓有成效地解决错综复杂矛盾的结果。随着现代建筑领域中科学、技术与艺术日新月异的发展，这种多专业、各工种的配合与协调越来越成为现代室内设计走向成功之路的关键所在。

通常来说，在大多数工程中，室内设计师无须过多地考虑一些相关的技术问题。这类问题包括照明、给排水、电气及HVAC系统（供暖、通风及空气调节）等。（图6-1-1）

图6-1-1　某居室空间设计

第二节　理论教授内容——居室空间采光与照明

光线对建筑设计而言，是一个很重要的元素，它不但影响我们的感觉，也会影响我们对环境的认知。当室内设计师从事灯光设计时，如果能在各个不同的活动空间之中配置一些符合其空间机能的照明灯具，就可以借此掌控整个空间的气氛和美感。

一、自然采光

居室空间内的自然采光包括日光、月光和星光。通常情况下，居室内的自然采光可以在建筑设计中完成，也可以由室内设计师完成，有时也需要两者的配合。

居室空间主要运用的是窗式采光。窗式采光，即自然采光大部分依赖窗户完成，通过不同形状或形式的窗户让自然光照进室内，起到照明的作用。

与人工照明相比，自然光更加经济、自然和舒适，设计师在进行居室空间设计时通常要熟悉项目环境，必要时需要针对采光度的良好与否来进行室内空间功能位置的调整。（图6-2-1）

二、人工照明

人工照明主要分为三种类型：一是整体照明。位置通常在功能分区空间的中央，或均匀分布在天

图6-2-1　居室空间的自然采光

棚上，它的设置可以完全满足整个空间的光源强度需要；二是局部照明。也称补充照明或重点照明，这是为了个别区域需要更充足光源的需要而设置的；三是装饰照明。形式比较丰富，主要为射灯或泛光灯槽的形式，它可突出空间线条丰富空间层次，也可局部作用于各种形式的装饰品突出质感和立体感。(图6-2-2)

图6-2-2 居室空间的人工照明

图6-2-3 居室空间照明—整体照明

图6-2-4 居室空间照明—局部照明

图6-2-5 居室空间照明—装饰性照明

三、照明方式

就照明的目的及其效果而言，可以将人工照明方式分为以下三个主要的类型。

1.整体照明

整体照明可以让整个空间得到均衡的照明。全面性照明的灯光通常是来自于固定天花板或具有反射镜和半透明遮阴的灯具。当光线隐藏在凹槽中且均匀地照亮天花板，或者当整片墙面或窗帘都被灯光照亮时，整体照明的效果就更为显著。整体照明适用于客厅空间、餐厅空间、书房或工作室、厨房空间的布置。(图6-2-3)

2.局部照明

有的功能需要直接且具有功能性的照明方式，这种照明方式被称为局部照明。局部照明的光源可高可低，但是就眼睛的舒适感而言，还是必须要将光源遮蔽起来比较好，局部照明灯具可以是高脚灯或桌灯，但也可以将其固定在端面、天花板或主要的大型家具上。局部照明适用于客厅空间、餐厅空

间、书房或工作室、卧室的布置。（图6-2-4）

3.装饰性照明

装饰性照明实际上具有双重含义。其一是指装饰性的灯光和光影效果，其二是指照明灯具的款式和风格。（图6-2-5）

（1）装饰照不一定强调它的亮度，有可能侧重它的光色和光投射出去的方向、大小、位置及形式。

（2）装饰性照明的另一层意义，是指照明灯具的款式和风格。由于文化和历史的原因，在一些特定的居室装修风格中，运用传统样式的灯具造型，会给室内装饰增加不少艺术气氛。

三、照明技术与艺术

1.光线的控制

在光线投射至物体表面的路径上，可以产生反射、吸收或透射等现象，这些现象的产生，根据物体的材质和其表面质感的透明或不透明度而定。眼睛会对反射光有所反应，因此，必须在适当的视线条件之下对反射光有所控制。具有选择性的开关可以随着使用者的意志而打开或关闭灯光；可变调光器则可以使大部分的灯具亮度在光线的明暗之间做一个适当的调整。如客厅空间和卧室空间需要这种的设置。（图6-2-6）

2.光线与心理

光线是心情或气氛的传达媒介，有技巧的设计者会善用这种媒介来建立空间的特性，如同灯光设计师运用灯光来塑造一段戏剧的气氛一般。

（1）明亮的光线具有刺激性和吸引力，会激发人前行；但是，如果过度使用，也可能使人出现心理和视觉上的厌倦感。

（2）晦暗的光线会令人感到松弛、平静、亲密和浪漫，也有可能使人感受到抑郁甚至惊恐，主要依据其背景效果而定。比较柔和的灯光会减少阴影之间的差异性。

（3）暖色系的光线让人感到比较快活及受欢迎；冷色系的光线通常比暖色系的光线容易让人感到平静。（图6-2-7）

图6-2-6　居室空间照明—光线的控制

图6-2-7　居室空间照明设计

四、灯具的选择和设置

1.固定式照明

理想的固定灯具应符合光线种类和亮度要求，还应该容易清理及置换。当固定式照明与装饰造型结合在一起时，光线与物体就形成了特殊的空间感觉。（图6-2-8）

（1）顶棚照明，固定在天花板上的灯具有以下几种类型和应用。

①发光天棚：多适合于用作客厅、书房（工作室）、厨房的顶棚照明，属于装直接性照明。

②嵌入式筒灯：多适合于用所有居室空间的顶棚照明，属于间接性照明。

③带状照明灯具：多适合于用作客厅、卧室、书房、餐厅的顶棚照明，属于装饰性照明。

④轨道灯：多适合于用作客厅、卧室、书房、餐厅的顶棚照明，属于装饰性、间接性照明。

⑤吊灯：多适合于用作客厅、餐厅的顶棚照明，属于装饰性、直接性照明。（图6-2-9）

（2）壁式照明

①帘幕照明的灯具安装在窗口上方，多与窗帘搭配。

②支架照明一般安装在墙面上，如书房、卧室一般使用这种灯具（俗称摇臂灯）。

③壁灯照明是直接固定在墙面上的，有多种大小和样式，可以被当作直接照明或间接照明，如卧室、客厅、卫浴一般都使用这种灯具。（图6-2-10）

图6-2-8　居室空间照明—固定式照明

图6-2-9　居室空间照明—顶棚照明

图6-2-10　居室空间照明—壁式照明

2.可动式照明

立灯和桌灯都是可以移动的灯具，并且可以成为生动的装饰品。可动式灯具所产生的光线种类包括下列几种：直接光、间接光、直接加间接光、全面照明和重点照明等。多适合于用作客厅、卧室、书房的顶棚照明。（图6-2-11）

图6-2-11　居室空间照明—可动式照明

五、特殊区域照明

1.入口：入口处的光线不易变化太大，应当考虑到人们的暗适应的时间比明适应的时间长这一视觉特性，一般都要保证入口处有明亮的照度，特别

是对住宅空间的入口地面的照度，人们从户外进入室内首先要考虑到跨入门槛时的心理反应和换鞋、更衣问题。（图6-2-12）

2.客厅和起居室：需要整体性的照明，最好同时有直接和间接两种照明方式，使墙面、家具、地板和天花板都可以产生柔和的透视感。调光器则可以使光线产生强弱上的变化。（图6-2-13）

3.餐厅：重点是桌面和用餐者。向下的直射光可以让银器、玻璃和瓷器用品产生闪烁的效果并且增强用餐者的食欲。垂直灯具（吊灯）的直径应小于桌宽(以避免用餐者在坐下时碰撞到灯具)，吊灯底沿至少离桌面80～100cm为宜。（图6-2-14）

4.厨房：需要良好的光线，特别在工作台面上更需要足够的照明，餐桌和其他地方都需要更清晰的整体照明，天花板上所安装的灯具几乎是不可缺的，因为这些光线可以结合工作台面周遭的照明，或者结合橱柜下方的灯光，以避免在工作面上产生

图6-2-12　居室空间照明—入口照明

图6-2-13　居室空间照明—客厅照明

图6-2-14　居室空间照明—餐厅照明

图6-2-15　居室空间照明—厨房照明

图6-2-17　居室空间照明—卧室照明

图6-2-16　居室空间照明—浴室照明

图6-2-18　居室空间照明—走廊照明

阴影。(图6-2-15)

　　5.浴室：浴室中的镜子附近需要装设灯具以避免在脸上产生阴影，最好在镜子两侧和上方都装有灯具，如果只在镜子两侧的墙面上安装灯具，灯具高度必须位于眼睛的高度，并且要有半透明的灯罩或散射片。此外，浴室也需要一两盏安装在天花板上用来照亮浴缸和淋浴间的整体照明灯具，此外，也可以再增加一盏夜灯。(图6-2-16)

　　6.卧室：更衣、床上阅读、桌上阅读、观看电视等活动，都必须要有足够的直接或间接光，但是有时候也会需要一些整体照明、衣柜照明和夜灯（在儿童房尤其需要）。当阅读用灯位于床铺后方时，其安装高度必须比床高90cm以上，既保证了阅读用的足够光线也不碰头。在床侧时，其高度应比床面高60cm以上，以产生供阅读的足够光线。在床头附近一定有方便的开关可以控制灯光，最好用调光器。(图6-2-17)

　　7.走廊：出于安全上的考量，必须要有一些整体的照明，这些下射光源可以安装在天花板或墙面上，不会产生眩光效应，但是可以照亮附近的地板面，具有装饰性的彩色灯具或光线，可能会直接照射在艺术品或照片上，以避免多数走廊所具有的无趣性。位于走道上的夜灯（感应灯）是极方便和安全的。(图6-2-18)

第三节　理论教授内容——材料的性能与应用

创造一个舒适、优美的室内环境离不开材料，设计师除了要了解和掌握材料的美学特征以外，还应该清楚地知道如何运用这些材料才能够实现在造型上的可能性。关于装饰材料和构造方面的问题，实际上有专门的课程和书籍去专题论述，但不同的人对材料和构造的关心有着不同的侧重点。设计师从设计的角度了解和掌握材料的美学性能和构造方面的技术问题。(图6-3-1)

图6-3-1　居室空间—材料

一、木材制品的特性和分类

木材有许多天然的美学特质和固有的实用特性，是自古以来人们喜爱的一种建筑和装饰材料。其特点表现在很多方面。

1.木材的大小和形状易于加工成型，是装饰材料中最具有可塑性的材料。

2.具有适中的弹性，所以适合用在地板和家具上。

3.木材带给人视觉上的愉悦感。

木材属于一种自然资源，它的使用量有限，特别是一些来自于国外的热带硬木(桃花心本、黑檀木、紫檀木、柚木)，正面临绝种的危险，设计师应该了解使用这些木材的价值及对环境所造成的冲击。

1.木材制品的分类

（1）实木

实木一般是指由原本经过简单加工而形成的木材，如木方、厚木板、木条等。作为一种行业术语，实木主要是用于区别合成木材和人造板材，比如实木家具、实木收边。作为结构使用的木材虽然也属于实木的范围，但通常都不是高档木材，一般不这样称呼，也不这样理解。所以，装修用的实木，主要是指那些纹理漂亮的、非人工合成的装饰型木材。(图6-3-2)

图6-3-2　居室空间材料—实木

（2）多层板

多层板是由两片以上的薄木片、较厚的木板或者厚纸板所组成的层状构造的板材。胶合板、夹芯板和薄层木板都是多层板。它是一种经济、美观、实用的装饰材料，它既有天然木材的漂亮纹理，又有人工处理后的良好的力学性能，除卫浴空间以外，适用于各个居室空间装饰造型的用料。常用的多层板有：胶合板、夹芯板、薄层木板、密度板、刨花板、贴面板、木皮。(图6-3-3)

2.木材装饰设计

（1）纹理和质感

①纹理：每一种木材都有其特殊的纹理、质感和颜色，而且这些纹路类型也会因为木材切割的方

图6-3-3 居室空间材料—多层板

图6-3-4 某居室空间设计

图6-3-5 某居室空间设计

图6-3-6 某居室空间设计

式而产生不同的变化。都有其特殊的美观自然木材纹路。

②颜色：木材有从白桦木的白色到黑檀木的深黑色等许多不同的颜色，可依据不同居室空间的风格所用。（图6-3-4）

（2）木线

装饰在墙壁或天花表面上的窄木条，称为装饰线板。现代建筑的室内空间强调简单干净的线条，于是，线板的应用受到欢迎。有墙壁线板、棚角线、踢脚板、护墙板、挂镜线。（图6-3-5）

（3）雕刻与成品木构件

在早期，木材的加工处理几乎都要经过手工工艺流程，而家具最辉煌的时代也就是在其雕刻和加工品质最优良的时代。橡木的歌德式雕刻、胡桃木的文艺复兴式雕刻，以及桃花心木的18世纪雕刻方式等，都有效地增强了木材在装饰上的重要地位。

自从车床发明之后，就可以利用许多不同的方式把快速旋转中的木材制成家具零件、栏杆、支柱和其他器具等不同的样式。不同时期的设计师，都会发明具有各自特色的旋木轮廓。（图6-3-6）

二、石材分类和特性

石材具有强度高、吸水率低、耐腐蚀、耐磨、抗冻、使用寿命长及防火性能好等优点，它的永久性使地面、墙面及柱式等构件产生一种特殊的坚实稳固感。不管石材用在何处，它的水晶式结构、各

式各样的花纹、颜色和质感，以及不同的透明度，都具有一种相当特殊的视觉效果和触感。(图6-3-7)

图6-3-7　居室空间设计—石材应用

1.花岗石

花岗石由长石、石英和许多不同的矿物质组成，质地紧密、坚硬，纹路从精致到粗糙均有。属于全晶质结构，酸性岩石，抗压强度高，吸水率低，耐酸，耐腐，耐磨，抗冻，耐久。主要用作居室空间的地面和墙面局部装饰，也可以用作厨房的料理台面上。(图6-3-8)

图6-3-8　石材应用—花岗石

2.大理石

大理石是一种变质岩，硬度适中，为碱性岩石，抗压强度高，吸水率低，易开工，开光性好，耐久性好。经过处理之后具有美丽的光泽和流动的花纹，其颜色极富变化。主要用作卫浴盥洗台面和窗口台面以及其他细部的装饰上，大理石依据仪器检测，具有一定的放射性物质，对人体是有害的，所以，居室空间不适用采用大面积的大理石铺装。(图6-3-9)

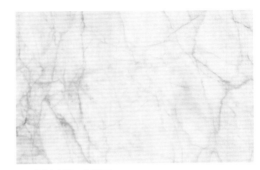

图6-3-9　石材应用—大理石

3.洞石

洞石，属沉积岩，质地疏松，以空隙和空洞为特征，表面与大理石相似，用于墙面装饰，缝隙和空洞给人特殊的肌理感受。主要用作卫浴的立面墙上饰面。(图6-3-10)

图6-3-10　石材应用—洞石

4.石材装饰设计

（1）纹理和质感

纹理：每一种石材都有其特殊的纹理、质感和颜色，花岗石表面经过抛光后呈现出均匀的晶粒结构，白色或灰色系列(美国白麻、芝麻白、芝麻灰等)呈现出黑、白、灰的点状纹理；黑色系列(黑金砂、中国黑)在黑色的镜面上有金色和白色的颗粒；还有的花岗石呈现出鱼鳞状、针状的纹理。大理石与花岗石的纹理截然不同(花岗石是火成岩，大理石为水成岩），大理石的纹理多数呈现云状、絮状、网状或水纹状)(图6-3-11、图6-3-12)。

图6-3-11 石材装饰设计应用

图6-3-12 石材装饰设计应用

（2）颜色

天然石材具有多种色彩，但只有经过表面处理（抛光和打蜡）这种色泽才能显现出来。天然石材的颜色一般都为不饱和色。

（3）质感

天然石材的质感不仅仅表现在抛光后的纹理和色彩，还有许多特殊的工艺可以使天然石材的表面产生奇特的质感效果。

①火烧板。花岗石的表面在高温下会产生爆裂（这也是花岗石耐火性差的表现），用这种方法可以产生一种"火烧板"的花岗石材料，这种凸凹不平的表面产生哑光的效果，与镜面抛光石材搭配，会产生对比的效果，主要用作装饰居室的客厅空

间、餐厅空间的局部立面上及卫浴的地面上。

②开槽。在抛光的石材表面有规律地开出水平和垂直方向的线条，具有很强的方向感和装饰效果。

三、砖材

在最古老的人造建筑材料之中，砖材是相当受欢迎的一种，有许多尺寸、形状、颜色和质感，也可以有许多不同的堆砌方式。因为砖墙的防火、耐候和容易维护等特性，长久以来，砖材都广泛地被用在墙面、地面、卫生间和灶台等处。不进行任何额外修饰的砖墙（清水砖墙）带有浓厚的古典气息和怀旧情感。砖材种类有黏土砖、混凝土砖、耐火砖。(图6-3-13)

图6-3-13 砖材装饰设计应用

四、胶凝材料

是指可以将半液态状态的材料在现场塑形凝固的材料，包括混凝土、石膏和灰泥等。它们可以在磨板或手塑之中逐渐硬化，也可以灌注在薄墙壁中被定型，其形状可以是平整或其他的奇形怪状，也可在硬化之后被雕塑成各种形状。胶凝材料多用于砌筑砖石、铺贴石材和瓷砖。(图6-3-14)

1.水泥

混凝土是水泥、沙、碎石和其他骨材的混合材料，混凝土可以在其浇筑的模子之中形成一个坚硬耐久的体量，并且可以产生不同的形状。混凝土原

图6-3-14 胶凝材料应用

始的颜色和质感，可以用在诸如基础、楼地板、墙壁和台阶等基本但又比较不被重视之处。清水混凝土也是一种表现建筑结构美的表面处理方法，当混凝土浇筑凝固以后，拆除模板(钢模板或者带有木纹的木模板)显露出混凝土模板的轮廓和表面机理。自从LOFT风格产生至今，建筑结构本体的肌理已被作为界面"原始"的装饰，彰显着个性。居室空间中的客厅、餐厅、卫浴、书房的顶棚都适用保留原始的混凝土楼板，作为顶部装饰。(图6-3-15、图6-3-16)

图6-3-15 水泥材料应用

图6-3-16 水泥材料应用

2.石灰

灰泥是由水、沙和熟石灰(白灰)混合而成的材料(麻刀灰是在白灰膏中加入碎麻)。灰泥通常被用于板条墙面、金属格网墙面和石膏板墙面的表面，也可以用在诸如混凝土等任何粗糙且足以使其黏附的

图6-3-17 石灰材料应用

图6-3-18 石灰材料应用

砖石材料表面上。直接暴露灰泥抹面的部分并不常见，因为使用涂料可以使墙面更耐污、更美观。但白灰拉毛却是一种非常有肌理效果的工艺，已经算是一项古老的装饰技巧了。(图6-3-17、图6-3-18)

3.石膏

石膏是一种快凝材料，很适合做小型雕塑。现在室内装饰中许多带有古典花纹的饰品(如古典柱式、欧式线条、欧式壁龛等)都是用石膏制成的，主要用作欧式风格的装饰上。

五、陶瓷

1.黏土面砖

黏土砖是由受热之后变硬的黏土所构成的，用于装饰的黏土砖与黏土砌筑砖中的化学成分不一样，颗粒的粗细程度也不一样，其厚度比砌筑砖薄许多，且其表面通常会上一层釉漆，或用聚亚氨酯来密封，防止污染。黏土砖通常被用做表面装饰的材料而非结构材料。有面砖、釉面砖、陶土砖。(图6-3-19、图6-3-20)

图6-3-19 黏土面砖材料应用

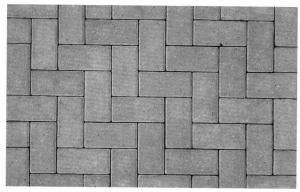

图6-3-20 黏土面砖材料应用

2.陶瓷面砖

陶瓷砖的种类非常多，各种称呼也不尽相同。一般按照陶瓷砖的吸水率对其进行以下归类：

（1）墙地砖(wallfloortile)。属于陶土砖，通常会涂上一层厚重的粉饰釉面，这层釉面可能是光亮、平滑、晦暗或粗糙的。这类的瓷砖通常被用在厨房料理台面、水池、卫浴墙面和地面上。

（2）马赛克砖（mosaictile）。也称陶瓷锦砖。颜色繁多，通常将多片马赛克的背面贴附网或牛皮纸，以便安装。多用于卫生间的墙地面。

3.瓷制品的选择与设计

（1）纹理和质感（图6-3-21）

图6-3-21 瓷制品材料应用

作为墙面和地面装饰用的陶瓷制品可以说是一种人造石材，几乎所有天然石材具有的纹理、色泽，墙地砖都可以模仿得惟妙惟肖。它还有一个比天然石材更突出的优点，就是没有色差。另外，瓷砖的放射性问题也基本上得到了解决。陶瓷面砖广泛用作除卧室、书房以外的居室各空间的墙面和地面上。

（2）拼接和造型（图6-3-22）

瓷砖的拼贴方法与天然饰材基本相同，因此将瓷砖与大理石的拼接使用是设计上常用的手法，能达到人造材料与天然材料的对比效果，既克服了人造石材的单调感也弥补了天然石材的色差。

图6-3-22 瓷制品材料应用

六、玻璃

（1）玻璃产品的装饰特性和分类

玻璃是多种硅酸盐矿物（石英、石灰和硅等）元素及一些特殊材料在高温之下融化而得的，玻璃的种类从最高级的水晶到极普通的建筑用玻璃，五花八门。（图6-3-23）

图6-3-23 玻璃制品材料应用

（2）普通装饰玻璃

磨砂玻璃、彩色玻璃、压花玻璃，这些类型玻璃适用于隔断、屏风和各种装饰墙面。

（3）安全玻璃

钢化玻璃、夹层玻璃，这类玻璃适用于卫浴的隔断。

（4）镜片

镜子不只是用在卧室和浴室之中。它在视觉上还有奇特的装饰效果。镜子可以使小空间看起来变大、造成双重影像的特殊效果。

七、纺织品

（1）纺织品的种类和特性

纤维是未经加工的材料，也是制成纺织品的基本单元。纤维可以用人工的方式加工，自然界中有四种常用的主要纤维材料：棉花、亚麻、羊毛和丝绸，这些类型织物适用于遮挡居室窗户及卧室用品、沙发靠垫的装饰上。

（2）纺织品的构造

①编织：编织是使纱扭曲或交错在一起的一种交织方式。

②密接编织：密接编织是一种使用纯的棒针将单一连续的纱连环编织的方式。（图6-3-24）

图6-3-24 纺织品材料应用

八、地毯

（1）地毯的用途和种类

地毯是一种软质地面材料，具有最大的弹性，并具有温暖和安静的感觉以及视觉上的吸引力。因为其颜色、质感和样式，地毯可以使空间更具有亲密性和装饰性。有普通地毯、单色宽幅地毯、地毯块和用于装饰性的挂毯。地毯适用于卧室、客厅的局部地面，能够起到调整居室材质性能、色彩关系的作用。

（2）地毯的装饰特性

地毯的样式依据其结构（纱纤维的尺寸和种类、构造方式及质感）、纤维颜色和纤维的组织方式而定，从一个小到几乎感觉不出来的图案到醒目的单一设计图案皆有，类似于布料印制或者报纸印刷的技术，也可以将色彩深深地渗入地毯织物中。（图6-3-25）

九、壁纸

（1）装饰特性

在欧洲，使用壁纸和壁布的历史大约有五个世纪，在东方国家，使用壁毯的时间比欧洲还要久远，至于在美国，壁纸则是从殖民时期之后才开始使用的，由于现在科技的发展进步，使影印成像技术达到了很高的水准。

（2）壁纸的优点有下列几项

①壁纸几乎可以用在任何空间里。

②圆形纸的颜色、样式和质感层出不穷，能满足各种空间的功能要求和美学要求。

③以糨糊粘着或具有自粘性的壁纸，可以迅速且轻易地更换。

④壁纸的线条、纹样、色彩变化可以使空间看起来具有收缩感或扩张感，从视觉上调整空间的比例和尺度。

⑤借助壁纸所产生的视觉或伪装效果，可以掩饰界面上的缺陷。

（3）壁纸

大部分人所熟悉的壁纸都属于乙烯基类壁纸（塑料壁纸）。而这层乙烯基薄膜通常会以一层织物（或纸基）作为基背，不像普通的纸张那样容易伸展或撕毁。壁纸的基背可分为两种：一种是纸基，一种是布基。布基壁纸的质量和强度较好，有些还带有防火、防水、防霉等功能。（图6-3-26）

图6-3-25 地毯应用

图6-3-26 壁纸应用

第四节　理论教授内容——施工工艺与技术

一、概述

居室工程设计涉及的技术问题很少，因为它对居室空间设计的效果实施有着影响和作用。尽管这常常是建筑师、工程师负责解决的问题，但作为一个好的室内设计师还是应该对其有一定的了解，这有助于你更好地与建筑师、工程师及其他专业人员进行交流，创造出一个更舒适、温馨的居室室内空间环境，达到你所预期的室内设计效果。同时也能使你在一些小型工程中，自己处理这类问题。这里我们不想对这些技术问题的专业性的设计、计算等多做说明，仅就一些室内设计师应该了解和掌握的内容略做介绍。

室内设计的品质从高档位走向多层次，居室空间设计专业从建筑设计融为一体到逐渐具有独立的性质。这种转变，使人们对居室空间设计的理解需要随之调整和系统化、对居室空间设计的水平需要大幅地提高和专业化。与此同时，又要注意避免由于居室空间设计专业化所引起的与建筑设计的脱节、冲突，因为虽然二者工作内容有所分工，但并不意味着它们工作性质之间相互割裂。

现代科学新技术正在对居住空间室内设计业产生着各种各样的影响，其中最容易引人注目的是新材料、新结构和新工艺在室内设计中的表现力。高技术的运用往往可以使室内设计在空间形象、环境气氛等方面都有新的创举，脱离以往的习惯手法，给人以全新的感觉。

设计师热心于运用能创造良好物理环境的最新设备；试图以各种方法探讨居住空间室内设计与人体工程学、环境心理学等学科的关系，反复尝试新材料、新工艺的运用；在设计表达等方面也不断运用最新的各种电脑技术。这些不仅为设计提供了前所未有的技术支持和创作空间，设计师的想象力也将不再受到技术的束缚和限制，由此将产生出一些新的设计方法和审美形态，并相应地推动了居住空间室内设计的发展。

由于设计、施工、材料、设施、设备之间的协调和配套关系加强，各部分自身的规范化进程进一步完善，居住空间室内环境又具有同期更新的特点，而且其更新周期相应较短。因此，在设计、施工技术与工艺方面要优先考虑干式作业、标准件安装、预留措施（如设施、设备的预留位置和设施、设备及装饰材料的置换与更新）等。这将大大降低整个设计与施工的成本，给居住空间室内设计和家居生活带来的将是方便、舒适以及高效率与高质量。例如：遵照我国住房和城乡建设部推出的《住宅整体厨房》（JG/T184-2006）与《住宅整体卫浴间》（JG/T183-2006）等行业标准进行空间设计，可使居住建筑的使用功能更趋科学化。

涂料的施工工艺。

二、施工工艺与技术

由于居室空间的装饰构造和施工工艺不同于公共空间所涉及的那么繁杂，本节就不做全面的详细说明，把居室中主要涉及到的装饰构造、施工工艺及主要所应用的材料列举给大家。

1.内墙的涂料工艺

（1）基层处理

先将装修表面的灰块、浮渣等杂物用开刀铲除，如表面有油污，应用清洗剂和清水洗净，干燥后再用棕刷将表面灰尘清扫干净。用腻子将墙面麻面、蜂窝、洞眼等缺残处补好。等腻子干透后，用开刀将凸起的腻子铲开，用粗砂纸磨平。然后胶皮刮板满幅第一遍腻子，要求横向刮抹平整、均匀、光滑、密实，线角及边棱整齐。满刮时，不漏刮，接头不留槎，不玷污门窗框及其他部位。干透后用粗砂纸打磨平整。第二遍满刮腻子与第一遍方向垂直，方法相同，干透后用细砂纸打磨平整、光滑。（图6-4-1）

（2）涂刷乳胶（图6-4-2）

一面墙面要一气呵成，避免出现接槎刷迹重叠，玷污到其他部位的乳胶要及时清洗干净。第一遍滚涂乳胶结束4h后，用细砂纸磨光，若天气潮湿，4h后未干，应延长间隔时间，待干后再磨。

涂刷乳胶一般为两遍，亦可根据要求适当增加遍

图6-4-1 基层处理

图6-4-2 涂刷乳胶

数。每遍涂刷应厚薄一致，充分盖底、表面均匀。

2.隔断墙面工程施工工艺(图6-4-3、图6-4-4)

（1）主材石膏板

石膏板是以建筑石膏为主要原料制成的一种材料。它是一种重量轻、强度较高、厚度较薄、加工方便以及隔音绝热和防火等性能较好的建筑材料，是当前着重发展的新型轻质板材之一。石膏板已广泛用于住宅的内隔墙、墙体覆面板（代替墙面抹灰层）、天花板、吸音板、地面基层板和各种装饰板等，但用于室内的不易安装在浴室或者厨房。我国生产的石膏板主要有纸面石膏板、无纸面石膏板、装饰石膏板、纤维石膏板、石膏吸音板等，其中纸面石膏板用途最广泛。

（2）石膏板轻体墙施工

适用于室内隔断工程。使用优质80系列轻钢龙骨做框架，间隔小于600cm，内填充苯板，双面封1.2双面石膏板。衔接处使用嵌缝石膏修补，自攻螺丝钉固定，钉盖涂防锈漆，石膏板嵌逢处使用专用嵌缝石膏找平，贴优质防裂绷带。（如一面需要贴墙砖，单面封水泥压力板，面挂铁网，自攻螺丝钉固定。）刮大白两遍，待干后再磨，饰乳胶漆。一股为两遍，亦可根据要求适当增加遍数。每遍涂刷应厚薄一致，充分盖底、表面均匀。

图6-4-3 隔断墙面工程施工工艺

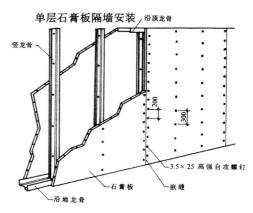

6-4-4 隔断墙面工程施工工艺

3.木作工程施工工艺

（1）吊顶工程

①墙、顶面打木榫眼，间距不大于400mm，固定顶部垂直吊杆不得采用木榫固定，应使用膨胀螺

钉，间距不大于400mm，主龙骨间距600mm。严禁在顶楼、卫生间顶面打木榫眼，相应吊顶龙骨以墙面固定为主。

②根据设计要求吊顶龙骨下料，下料后吊顶龙骨涂刷两遍以上防火涂料，完全遮盖龙骨，吊顶中的预埋件、吊钢筋、靠墙木龙骨都应有防腐防锈措施。

③吊顶龙骨必须拼接牢固，拼合处宜采用元钉加胶水固定，按图纸要求，对灯孔、空调、通风口、检修孔等加衬龙骨满足结构安全要求。

④吊顶木龙骨宜采用无扭曲的红、白松木，不准使用黄花松木。(图6-4-5、图6-4-6)

图6-4-6　吊顶工程

（2）细木制品工程

①木制品与墙面交接处要妥善处理（线条收边），面或外都应平直或垂直，阳角处45度倒角或实木收边。各实木线条在阴阳角、转角处、直线相交处均应45°割角交圈。

②踢脚板采用多层梅花钉固定加饰面板的做法，上口木线收边与墙体靠实，整体呈一直线，板与板连接采用45°拼接，下口与地板衔接严密。安装成型踢脚板，靠墙一面应开设变形槽，槽深3mm~5mm，槽宽不少于10mm。

③软包木墙面常见形式有明压条绷布法、暗压条绷布法和木框绷布法。先在木龙骨上安装底板，按设计要求弹线分格作标记，裁出所需的泡沫塑料或海绵，粘贴在底板上，再按要求裁剪装饰布，注意找平找方，然后固定好单边来所覆泡沫或海绵。软包饰面与线条、踢脚板、电气盒等交接处应严密、棱角方正、边缘饱满整齐，饰面松紧适度。(图6-4-7)

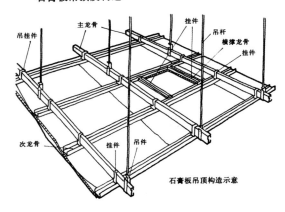

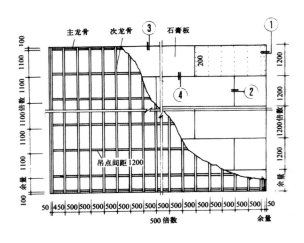

图6-4-5　吊顶工程

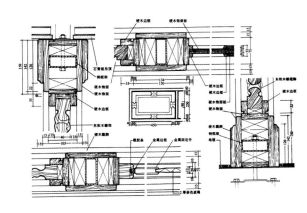

图6-4-7　细木制品工程施工图

（3）木家具施工

①木家具的施工，必须待电气线路安装完毕后进行，靠外墙和浴室隔墙易受潮墙面的家具必须作防腐处理后再进行施工，以防止家具背板将来发生发黑或霉变。

②采用框架结构的家具必须采用榫连接；采用板式结构的家具必须采用专门连接件连接。

③在制作家具橱柜时尽量采用偏心连接件和拧紧式连接件进行连接，安装位置正确，切割整齐，接缝严密，与墙面紧贴。橱门应安装牢固，开关灵活，下口与柜体相关部位平行，不能有大小头现象。五金件安装齐全牢固、位置正确，不得用钉子代替螺丝，硬木构件上安装木螺丝应先钻稍小的孔再安装。边角平直圆滑不刮手。

④家具所有毛边必须封边，清水配同材质的实木封边，混水可用夹板。柜门周边、搁板沿口、抽屉上沿口必须实木收边。（图6-4-8）

图6-4-8　木家具施工

4.铺贴瓷砖施工工艺

瓷砖铺贴后的效果很大程度上受到施工的影响，除了传统的施工方法，黏结剂也比较常见，它伸缩性强、采用薄层施工法，这样施工就更方便、环保，瓷砖黏结也更牢固。

（1）基层处理：首先应除去基层表面的污垢、油渍、浮灰；除去基层上所有涂料层、腻子层；如果基层未能达到平整度要求，需对基层进行预先找平处理。

（2）放样：铺贴瓷砖前需事先找好垂直线，以此为基准铺贴的瓷砖高低均匀、垂直美观；此外，施工前在墙体四周需弹出标高控制线，在地面弹出十字线，以控制地砖分隔尺寸。

（3）预铺：首先应对瓷砖的色彩、纹理、表面平整等进行严格的挑选，然后按照图纸要求预铺。对可能出现的尺寸、色彩、纹理误差等进行调整、交换，直至达到最佳效果。

（4）调制黏结剂：加水后将黏结剂浆料搅拌至润滑均匀，无明显块状或糊状结块，搅拌后的浆料静置5～10分钟后再稍加搅拌1～2分钟即可使用。

（5）在开始铺贴施工前，需要先清理瓷砖表面的浮灰，污垢等。

（6）抹浆料：将调制好的浆料均匀地抹在瓷砖背面，要求浆料饱满。

（7）将瓷砖平整地铺贴在基层上，使用橡胶锤将瓷砖拍实铺平。施工过程中，可小幅度转动瓷砖，使浆料与瓷砖背面充分接触。

（8）腰线的铺贴应注意与瓷砖纹理保持一致。根据砖的尺寸，在砖与砖之间预留相应尺寸的缝隙留待嵌缝。黏结剂具有一定的可调整性能，可对留缝的大小进行调整。

（9）瓷砖铺贴结束后24小时，可进行嵌缝施工。将调制好的嵌缝剂均匀地涂在砖与砖的缝隙内。

（10）嵌缝后用浸湿的织物清理多余的嵌缝剂，保持瓷砖表面清洁。

第七章　居室设计实践教学实录

本章要点》

熟悉居室空间设计的过程。

学习目标》

通过对课程方案完成范例的鉴赏，了解居室空间设计的完整过程，并参照一些优秀的范例进行创作练习。

建议学时》

110学时。

第七章 居室设计实践教学实录

第一节 教学大纲

一、本课程的教学目的

通过本单元课程的理论讲述和课题训练，理解和掌握居室设计的构成要素以及相互关系，了解居室设计所涉及的范围以及居室设计与相关学科的关系，掌握居室空间设计各区域的功能尺寸关系，建筑与室内、施工与技术的关系。运用室内设计的基本原理与方法，对居室空间进行系统的构成和组织，通过概念性的方案设计与构思，启发学生的创造性思维；并结合实践性的方案设计，使学生由浅入深地掌握居室设计的方法，真正做到理论联系实际，培养出具有较高素质的室内设计人才。

二、本课程的教学重点与难点

本课程的教学重点是运用相关学科的研究成果，从人的视觉感受、行为心理习惯及心理需求入手，处理好功能与审美的关系。培养学生分析问题和解决问题的能力。重点强调设计的过程即独特的分析过程，提出具有创造性的设计提案。体现出满足人们的功能和审美需求以外，融入居住者个人的品质、品位和文化内涵的提升。

难点：居室综合设计功能属性的掌控和审美意识的把握，分析能力和创意思维能力的培养。

三、本课程的成果完成过程及要求

1.本课程要求学生在完成理论学习的基础上，在设计方案初始之前，首先给房间居住者身份定位，如建筑师、音乐家、摄影家、国家公务员、收藏爱好者、媒体人、大学教授等，包括年龄、受教育程度、几口人居住等，然后在给提供的三张尺寸不同、面积不同、户型不同的建筑平面图选择一张，了解建筑结构、给排水和排风位置。

2.要求学生专业考察和市场调研，到地产较大的售楼处考察户型及样板间，到市场调研装修材料及家具、家电设备，撰写考察调研报告文本，并在课堂上汇报其认识和感想，并对地产开发和装修材料市场状况加以分析评定，重点体现在人文关怀下的居住智能化、材料生态化、休闲舒适化、审美情趣化的认知层面上。要求分析思路清晰、完整。培养学生调研、收集、查阅和运用资料的能力。通过方案介绍、口头汇报等方式强化学生的语言表达能力与沟通能力，并在此基础上完成该课题的设计。

3.查阅和收集资料，广泛了解国内外优秀住宅空间设计的基本手法，巩固和加深对居室设计原理以及城市居住设计规范的学习。做到理论联系实际，要求学生每10人一组，以互动、传递的形式进行课题研究。发挥学生自身的主观能动性。培养学生独立、协同和合作、讨论和协调，培养相互协作的精神，初步进行科学研究的能力。（图7-1-1～图7-1-13）

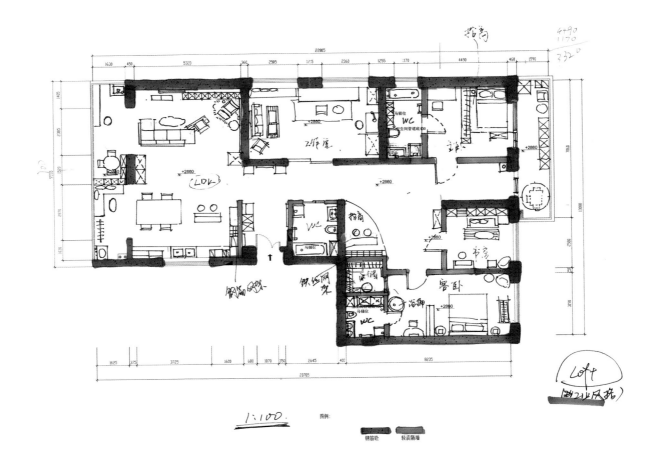

图7-1-1　平面布置概念草图

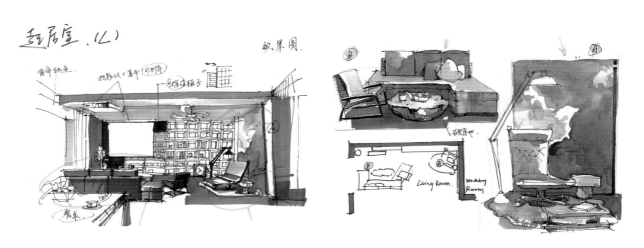

图7-1-2　起居室方案概念草图

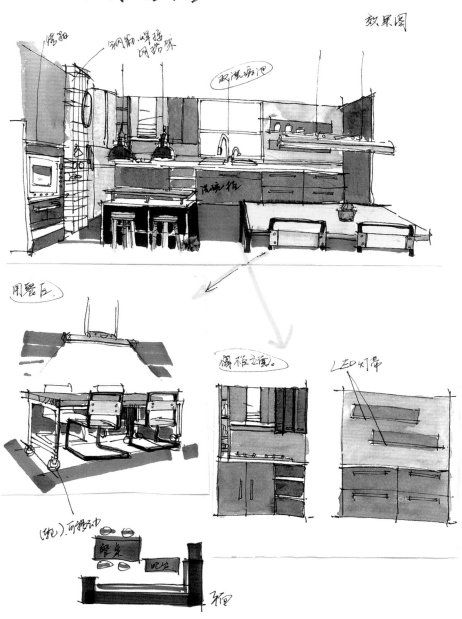

图7-1-3 厨房和餐厅方案概念草图

图7-1-4 工作室方案概念草图

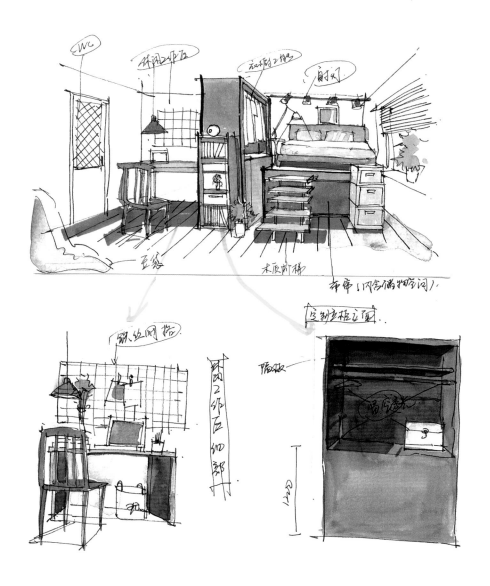

图7-1-5 主卧室方案概念草图

图7-1-6 平面布置图

图7-1-7 起居室方案效果图

图7-1-8 厨房和餐厅方案效果图

图7-1-9 工作室方案效果图

图7-1-10　主卧室方案效果图

图7-1-11　其他方案效果图

图7-1-12　其他方案效果图

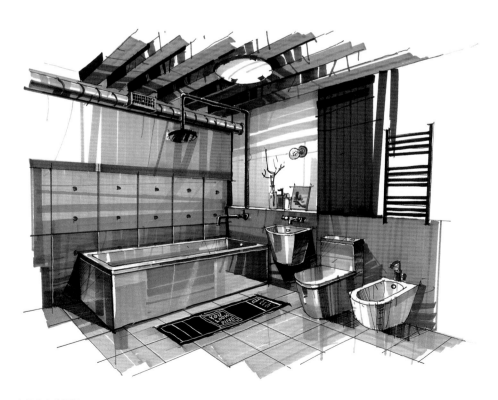

图7-1-13　卫生间方案效果图

第二节 学生优秀作业范例（图7-2-1～图7-2-15）

餐厅效果图

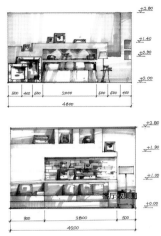

立面图

本方案为业主音乐家的居室设计。整体风格采用现代的简约主义风格。客厅以大气的方块元素组合，配以高贵典雅的亮色调，凸显业主个性特点。沙发背景墙的砖墙设计增加了客厅的活跃气氛，同时挂相框装饰，渲染了整个家的温馨感觉。电视背景墙局部做砖墙与之形成呼应。整个卧室设计并没有采用过多的元素装饰，暖灰色调的色彩搭配营造出安逸宁静的气氛，更好地配合卧室睡眠休息的功能。大气十足的床头柜，现代感十足，极富创造性的台灯车造型，明亮开敞的落地窗，象征着气势磅礴的乐符乐章，将业主的职业特点显示得淋漓尽致。落地而放的相框错落有致，现代感十足。

书房效果图　　卫生间效果图　　卧室效果图

休息室效果图　　客厅效果图　　门厅效果图

图7-2-1 2007级 于治均

该学生作业的设计方案中反映了学生较好的创意性思维，重点体现在厨房设计。厨房功能是储存生活必备，为日常生活提供餐饮的保证。按厨房的功能可分为以下区域：储存、洗涤和烹调。通常又把这三个区域所形成的三个点所构成的三角形称为

厨房工作三角形，考虑体现厨房的功能性。底柜设计偏重表现简约风格，虽然形式看似简单，但每个抽屉内部是不尽相同的使用各种内置式抽屉和金属拉篮，给主人提供了方便的操作空间。

客厅

客厅采用简洁的设计风格。电视墙采用现代造型的金属感质地板块拼接而成，搭配理石板，配以玻璃饰件，突出了现代这一主题，搭配电视墙，沙发上配以彩色靠垫，起到点缀的作用，不显空间呆板。顶棚上放大的吸顶造型灯，与弧形钓鱼灯，使空间富于变化。传统的古瓶、藤条、古木碟子等装饰空间，活跃且提升品位。

卧室

卧室采用纯木色地板，配以淡粉色的床及暖灰色地毯，加绿化植物软化空间。床头柜为木质材料，配合了整体空间色调，其间接地造型又不失现代感。主墙采用淡紫色和地毯的暖灰色调节空间，从而达到了色调上的和谐，主墙上配以金属板制成的抽象画，在局部上利用质感进行搭配。上部空间采用间接照明，又柔化了其金属质感，而床边的椅子同样采取了具有现代感的造型，迎合空间的整体氛围，边上的灯饰也采用简洁大气的造型，进一步诠释了少装修重装饰的设计理念。考虑到空间的空气流通问题，采取大面积玻璃窗，既把阳光引入室内，又能起到借景，增大空间尺度作用，极具人文关怀。

客厅效果图

平面图

沙发背景墙效果图

电视背景墙效果图

书房效果图

卧室效果图

图7-2-2　2007级　张博

该学生作业为本课程的优秀作品。在简约风格盛行的时代里，人们装修时总希望在经济、实用、舒适的同时，体现一定的文化品位。而简约风格不仅注重居室的实用性，而且还体现出工业化社会生活的精致与个性，符合现代人的生活品位。

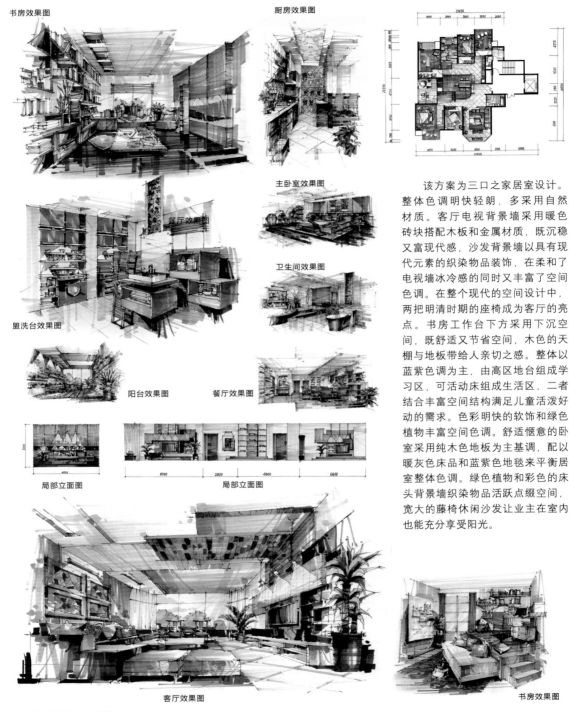

书房效果图

厨房效果图

主卧室效果图

餐厅效果图

盥洗台效果图

卫生间效果图

阳台效果图

餐厅效果图

局部立面图

局部立面图

该方案为三口之家居室设计。整体色调明快轻朗，多采用自然材质。客厅电视背景墙采用暖色砖块搭配木板和金属材质，既沉稳又富现代感，沙发背景墙以具有现代元素的织染物品装饰，在柔和了电视墙冰冷感的同时又丰富了空间色调。在整个现代的空间设计中，两把明清时期的座椅成为客厅的亮点。书房工作台下方采用下沉空间，既舒适又节省空间，木色的天棚与地板带给人亲切之感。整体以蓝紫色调为主，由高区地台组成学习区，可活动床组成生活区，二者结合丰富空间结构满足儿童活泼好动的需求。色彩明快的软饰和绿色植物丰富空间色调。舒适惬意的卧室采用纯木色地板为主基调，配以暖灰色床品和蓝紫色地毯来平衡居室整体色调。绿色植物和彩色的床头背景墙织染物品活跃点缀空间，宽大的藤椅休闲沙发让业主在室内也能充分享受阳光。

客厅效果图

书房效果图

图7-2-3 2008级 王小雨

　　该学生作业在设计上充分考虑了空间使用者的生活状态，认识到使用者的生活方式将会影响居家中的活动种类，如好友造访、用餐习惯、娱乐活动等。简约的风格对简单的实木家具偏爱有加，墙面更好地提升了空间感，其特点就是不拘小节，没有束缚。

● 作者：李琳

图7-2-4　2009级　李琳

此客厅整体风格为简约现代，电视背景墙采用石膏浮雕作成肌理感觉，再配以黑色镜面使不同的质感给人以强烈的时尚之感，沙发背景墙以暖色系的木质材料装饰，呼应平衡了电视背景墙的冷色调。布艺沙发和针织靠垫，又使整个空间亲和温暖舒适。

该学生作业整个设计为现代简约风格，整体以暖灰色调为主，配以红色木质地板和粉紫系列地毯和床品使整个空间既高雅稳重，又起到平衡色彩的作用。再配以绿色植物，使整个空间活跃明快，又不失舒适惬意的感觉。旋转式百叶门使空间既有进深性，又保持了空间的私密性。

平面图

儿童房效果图

餐厅效果图

餐厅效果图

该方案为三口之家居室设计。整体设计利用大的几何体划分空间，干净利落、轻松随意。极富设计感的居室体现出业主与众不同的个性追求，在满足基本功能的同时兼负娱乐性和趣味性和谐的色调创造出一个令人流连忘返的空间。

节点效果图

卧室效果图

书房效果图

客厅效果图

卫生间效果图

客厅效果图

图7-2-5 2010级 曲虹霖

该学生作业在设计上从全局出发，而不仅仅着眼于局部设计。以简洁明快的设计风格为主调，全方位考虑，在总体布局方面尽量满足居住者生活上的需求，以大的几何形划分空间，以木材料优美含蓄的线条进行装饰，创造出一个温馨、健康的室内环境。

该设计方案为三口之家业主设计，男业主职业为设计师，女业主职业为自由作家。所以整体设计都以主人的生活情趣为优先考虑。整体设计为暖色调，给人温馨的家庭之感，整体色调明快跳跃，不会给人压抑之感。客厅设计亮点打破原有的奢华繁琐，而是以绿色的植物为背景同时与门厅和餐厅隔开，使整个空间自由通透，方便交流沟通。

卧室

卧室采用纯木色地板，灰白色的床上用橙色作为点缀而活跃气氛。主墙为白色软包，使在质感上与家具形成对比，上部又设有间接照明，使整个卧室温馨舒适。床头柜使现代简约的风格中透着复古而神秘的气质，与家具之间形成呼应的效果，灯具与家具形成对比，这些都体现出业主的个性追求。

卧室效果图

立面图　　　　　　平面图

卫生间效果图

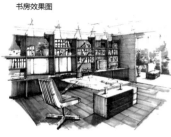
书房效果图

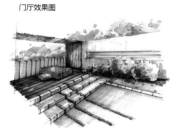
门厅效果图

儿童房效果图

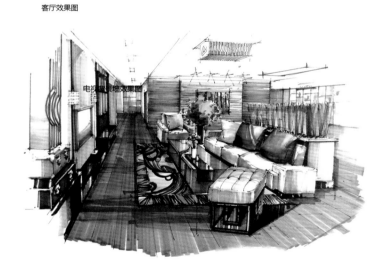
客厅效果图

电视背景墙效果图

餐厅效果图

图7-2-6　2010级　姚金宇

该学生作业里，宽敞的客厅设计给人以通透之感，避免视觉给人带来的压抑感，可缓解居住者工作一天的疲惫。没有夸张，不显浮华，通过简洁明快的设计手法，将居住者的工作空间巧妙地融入生活空间中。

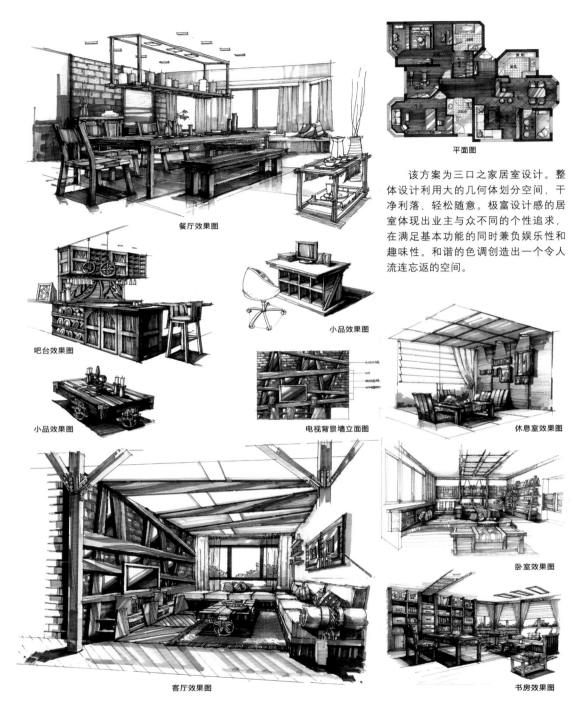

餐厅效果图

平面图

该方案为三口之家居室设计。整体设计利用大的几何体划分空间，干净利落、轻松随意。极富设计感的居室体现出业主与众不同的个性追求，在满足基本功能的同时兼负娱乐性和趣味性。和谐的色调创造出一个令人流连忘返的空间。

吧台效果图

小品效果图

小品效果图

电视背景墙立面图

休息室效果图

客厅效果图

卧室效果图

书房效果图

图7-2-7　2011级　王晨阳

　　该学生作业的设计，有明确的构思和较宽的设计思维。简约风格是近来比较盛行的一种风格，追求生活时尚与风格潮流，注重居室空间合理的功能布局与审美相结合。这样的室内崇尚少即是多，符合现代人们追求闲适生活的心理特征。

卧室效果图

厨房效果图

节点细部效果图

卫生间效果图

局部立面图

局部立面图

卫生间效果图

客厅效果图

平面图

该方案为三口之家居室设计。整体空间和谐融洽、幸福温馨。客厅电视背景墙整体中不乏变化，玻璃与沙发形成硬软质感的强烈对比，同时与对面置物架呼应。一眼望到的阳台给人温暖惬意之感。阶梯式且不对称的大床为该卧室设计中最大的特色。卧室背景墙为实木阶梯式框架，与地板呼应统一。卧室以暖灰色为主色调，以纯色点缀，凸显温馨简约之美。浴室设计采用几何错落式，墙壁的瓷砖与浴柜的木板形成对比，色调温暖，淡雅宁静。

图7-2-8　2012级　崔远帆

　　该学生作业设计符合都市化进程发展的趋势，满足白领阶层心理上的需求。设计师采用简约明块的设计手法，将空间进行合理划分。使居住者在繁杂的都市生活中，有一处能让心灵沉淀的生活港湾，是本设计在该方案中所体现的主要设计思想。

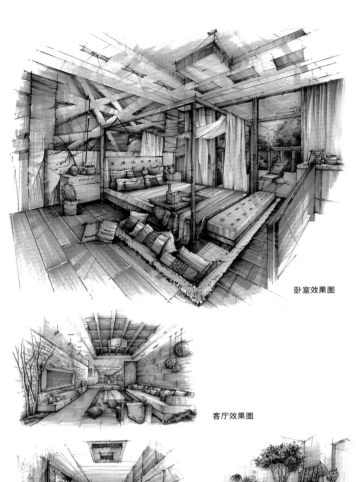

卧室效果图

平面图

该方案为职业作家的业主居室设计。整个客厅以原木色调为主。电视背景墙为裸露的砖墙设计，沙发背景墙则用木板满铺，配合造型质朴的藤编吊灯，以其现代感十足的线条打破木质材料原本的沉闷老气，而又不失严谨沉稳的书香之气，既符合业主的个人爱好和工作需求，又能表达其对清雅含蓄、端庄风华的精神境界之追求。阳台以大面积的绿植和古朴的藤椅进行装饰，且原始裸露的砖墙更增添了自然美景的元素，让业主在繁杂的都市生活中也能轻松拥有一缕阳光、一杯清茶、一本好书的生活态度，且在放松身心的同时汲取更多灵感。

业主喜静，需要宁静稳重且情调浪漫舒适的休息空间，因此卧室地面采用暖色调的地板和地毯装饰，体现了主人沉静浪漫的性格特点，局部使用的暖色调照明更增添室内温暖的温情。卫生间墙体一面以暗色花纹壁纸纹饰以防水材料木板满铺，营造出充满中式意味和质朴风格的空间，整体空间新颖而不失稳重，清雅含蓄、放松舒适。

客厅效果图

卫生间效果图

节点细部效果图

局部立面图　　　　　　局部立面图　　　　　　局部立面图

图7-2-9　2014级　肖潇

该学生作业的最大特点是其卧室设计。构建了一个安逸、静谧、典雅的空间环境，体现出设计者对该卧室设计的全面功能因素的把握。体现在从灯光、色彩到材质肌理对居住者产生的心理作用和影响，具有人文主义的关怀。

卧室效果图

平面图

　　本方案为职业音乐家的业主设计。设计上反其道而行之，不围绕工作特点压迫业主。以黑灰色为主基调，木料为辅材，给业主宁静放松之感。单独的房间采用木地板，灰黑色墙漆，卧室内放置音响，钢琴墙头采用创意的水杯型吊灯，工作室设计也采用简洁的设计风格。

　　以黑灰色为主调，客厅大方大气，地面采用黑色瓷砖，便于清理。沙发背景墙采用木头与水泥组合，上方的装饰为老唱片，与电视背景墙上的光碟装饰相呼应。

　　餐厅桌子采用实木，背景墙也采用实木支架为载物台。装饰画作为点缀装饰走廊。

　　卫生间采用灰色调，瓷砖与木头的组合，浴缸外包裹木板，地面上瓷砖和木板相间，表现出流动感。

节点效果图

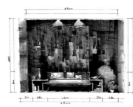

局部立面图

局部立面图

客厅效果图

卫生间效果图

节点效果图

图7-2-10　2014级　严淳夫

　　该学生作业的设计以音乐家身份为主题背景设计，在围绕这一主题设计中，有自己的独特见解，空间色调沉稳、雅致。室内空间装饰具有艺术性和当代性，反映出设计者较好的专业水准。

客厅效果图

该方案为职业服装设计师的业主居室设计。整体设计为现代工业风的装饰风格，用做旧的灰白色木板做整个主卧的背景墙，这是工业风的突出表现，木板墙中间采用明黄色涂料制作出个性的灯点亮后的效果，明亮的颜色和奇幻的效果与胡桃木地板形成鲜明对比，也破除竖条纹木板的死板和破旧，体现屋子主人的前卫气质。不规则的毛绒地毯使棱角分明、方正有序的屋子更加温馨柔和。

两个空间多采用旧感十足的实木家具及装饰，部分黑灰色的墙面使整个房子增添工业气氛，电视墙采用对业主有重要意义的获奖作品装饰，沙发背景墙挂有业主手织挂毯。客厅棚顶用实木做旧地板装饰。整体设计把业主追求个性的性格特点体现得淋漓尽致。

厨房为半开式，在设计中采用玻璃及桦木树干阻隔厨房与客厅，有大自然的清新感觉，实木还使整个客厅富有浓浓的复古风情。

沙发背景墙效果图　　　　　客厅效果图

平面图

阳台效果图

卧室效果图

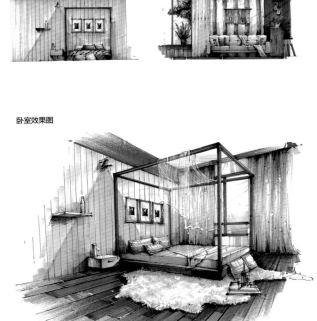

餐厅效果图

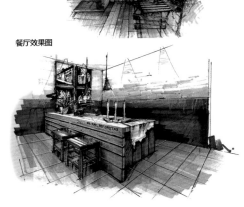

图7-2-11　2014级　杨思仪

该学生作业的设计方案中色彩搭配合理。追求居室空间形态与家具、照明、装饰物品的整体统一。沿承了现代主义设计风格，并融入LOFT风格，具有现代和复古完美结合的特点。

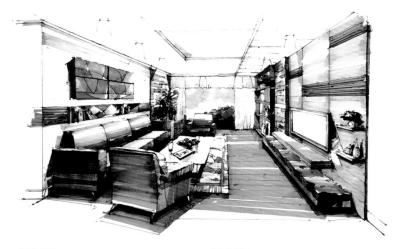

客厅效果图

书房效果图　　　　　　　　阳台效果图

卫生间效果图

　　该方案为三口之家业主设计。主色调为原木色，通过强调原色之间的对比协调来追求一种艺术主题。空间的划分不再局限于硬质墙体，而更注重会客、餐饮、学习等功能空间之间的逻辑关系。通过家具、吊顶、地面材料、陈列品和光线的变化来划分，具有灵活性、兼容性和流动性。装饰物、织物的选择对于整个空间的色彩效果也起到点明主题的作用。

卧室效果图　　　　　　　衣帽间效果图　　　　　　　平面图

图7-2-12　2014级　周密

　　该学生设计方案追求自然、简约的设计风格，从文案、策划到方案设计，始终有条理地把握空间设计的整体脉络，空间的各种元素的整体性是该同学设计的最大特点。

整体工业风设计，多采用砖墙，木板等原始材料，整体色调偏灰，灯具采用钢管、藤条等材质，使工业风格的进一步加强。背景墙用色彩对比鲜明的画，使其与整个空间色调产生强力对比。使整个空间更加灵动有朝气。房间内都设有木板上种植植物，与砖墙搭配红酒摆放，也使得格调鲜明，氛围更加浓厚。厨房同样是采用了原始的砖墙设计，是工业风的复古原始感非常强烈，置物架摆放及吧台的设计，使整个空间疏密感增强，烘托浓烈生活氛围。卧室阳台以及卫生间的设计始终围绕工业风格，大气又不失有独特的个性，反复采用了射灯的元素，使点线面完美结合。

图7-2-13　2015级　倪子夜

　　该学生作业的设计中，对空间的尺度和均衡关系处理得较好，不同功能的空间有着相应的比例关系，作者根据所处的环境和使用者的情况，展现出不同的设计。

客厅将中式的木条，木质镂空花纹与现代简约的家具相结合，增添了室内的现代感。室内尽量采用天然的木质的颜色，家具与其他家具部分选用浅灰作为配衬，使室内颜色不会过于艳丽。

卫生间也采用一定数量的木条代替传统百叶窗作为遮挡，与整体设计相呼应。浴盆底部的地面做了下沉处理，填满彩色石子，使浴缸周围的水渍更好打理。

图7-2-14　2015级　王鹤谕

该学生作业的设计以新中式风格为主。整个儿童房空间不脱离整体设计风格，地面一部分空间下沉，填满海洋球，可以作为儿童的娱乐场所，同时增加储物空间。左侧墙面掏空一部分作为书桌，有效节省了室内空间。

较为私密性的起居室以深色木质作为隔断，床铺、窗帘、地毯等采用软包及棉麻布艺作为色彩与材质上的变化。墙面及吊顶的设计采用高架与简约几何结构的混搭风格，在传统中透露着现代。以装饰画、盆景作为点缀，既致敬传统又为中式风格注入了富于变幻的新鲜活力。

图7-2-15　2015级　曹欣之

　　该学生作业设计了较为开敞的起居室及餐厅，以稳重简洁的木质作为家具主调，家具线条简洁明快，又不失细节的表现。吊顶以长城灰、玉脂白为主色，使空间在庄重中透露出一种现代雅致之感，格调鲜明不显压抑。这种中式古典与高级灰的搭配冲淡了纯中式的古板教条，同时使高级灰又不浮于表面的新中式风格得到体现。

后记 >>

　　本书通过居室空间设计教学，使学生全面掌握居室空间设计的功能要素，正确理解居室空间设计的概念，掌握居室空间设计各区域的功能尺寸关系，运用室内设计的基本原理与方法，对居室空间进行系统的构成和组织，探索当代设计下的新视野，注重设计思维的拓展和表达方式。强调对文化的诠释和注入，并运用于设计之中。要求学生做到能够独立完成对居室空间的组织和形象创造、施工和技术的应用、材料的运用、设计语言的表达，为今后居室空间设计打下坚实的基础。

　　居室设计需要像机器一样精密正确。它不仅需要考虑生活上的直接实际需要，且需从更广泛的角度去研究和解决人的各种需求。居室最大的特点就是增加空间感。居室设计的色彩也要情感化、生态化、个性化。室内设计是人类生活并美化自己生存环境的活动之一。从宏观角度来讲，在本专业人才培养方案中，"室内类型设计"课程的基础就是《居室空间设计》，是整体设计教学的重点环节之一。通过教学让学生充分理解居室空间与人的关系、色彩、照明、风格流派这些要素，熟练掌握功能分区，尺寸关系，空间构成，设计步骤。探索当代设计的新方向，注重学生设计思维和表达方式。

　　学生通过本期课程学习需要学到：

　　1.求实用功能，注重运用新的科学与技术，追求室内空间"舒适度"的提高。

　　2.讲人文关怀，在物质条件允许的情况下，尽可能地追求个性与独创性。

　　3.重视室内空间设计风格。

　　4.调研实践相结合。

本书编写参考书目 >>

1.《室内设计》阮忠、黄平、陈易编著，辽宁美术出版社，2007年

2.《室内设计原理》来增祥、陆震纬编著，中国建筑工业出版社，1996年

3.《居室空间设计基础》崔东晖编著，辽宁美术出版社，2014年

4.《旅游饭店星级的划分与评定》中华人民共和国国家质量监督检验检疫总局发布

5.《建筑的复杂性与矛盾性》罗伯特·文丘里著，周卜颐译，中国建筑工业出版社，1991年

6.《建筑环境心理学》常怀生著，中国建筑工业出版社，1990年

7.《交往与空间》杨·盖尔著，何人可译，中国建筑工业出版社，2002年

8.《建筑大师经典作品解读》理查德　威斯顿编著，大连理工大学出版社，2006年

9.《建筑设计与流派》关东军、黄华编著，天津大学出版社，2002年

10.《国外当代建筑与室内设计》矫苏平、张琦编著，中国建材工业出版社，2005年

11.《建筑细部法则》斯蒂芬·埃米特、约翰·奥利、彼得·斯米德著，柴瑞、黎明、许建宇
    译，中国电力出版社，2006 年

12.《居室空间设计与实训》黄春波、黄芳编著，辽宁美术出版社，2016年

13.《艺术创造论》余秋雨著，上海教育出版社，2005年

14.《华夏意匠》李允鉌著，香港，香港广角镜出版社，1982年

15.《室内设计概论》张书鸿主编，华中科技大学出版社，2009年

16.《室内设计资料集》张绮曼、郑曙主编，中国建筑工业出版社出版社，2012年

17.《室内环境设计》张青萍主编，中国林业出版社，2001年

18.《居室室内空间设计》高光主编，化学工业出版社，2014年

19.《环境艺术设计的新视野》李砚祖主编，中国人民大学出版社，2002年